Sameh Ben Khedir

Evidência científica dos benefícios dos componentes menores do azeite

Sameh Ben Khedir

Evidência científica dos benefícios dos componentes menores do azeite

ScienciaScripts

Imprint
Any brand names and product names mentioned in this book are subject to trademark, brand or patent protection and are trademarks or registered trademarks of their respective holders. The use of brand names, product names, common names, trade names, product descriptions etc. even without a particular marking in this work is in no way to be construed to mean that such names may be regarded as unrestricted in respect of trademark and brand protection legislation and could thus be used by anyone.

Cover image: Disponibilizado pelo autor

This book is a translation from the original published under ISBN 978-620-2-31154-0.

Publisher:
Sciencia Scripts
is a trademark of
Dodo Books Indian Ocean Ltd. and OmniScriptum S.R.L publishing group

120 High Road, East Finchley, London, N2 9ED, United Kingdom
Str. Armeneasca 28/1, office 1, Chisinau MD-2012, Republic of Moldova, Europe
Printed at: see last page
ISBN: 978-620-8-13502-7

Provas científicas dos benefícios dos componentes menores do azeite

I-   Introdução

A oliveira que produz as azeitonas, frutos que se encontram habitualmente na bacia mediterrânica e em partes da Ásia Menor, é conhecida botanicamente como *Olea Europaea*. As azeitonas são utilizadas pelo seu valor culinário e pelos seus benefícios medicinais há milhares de anos, desde os tempos antigos da Grécia e de Roma. O azeite recebe muita atenção por ser tão funcional na culinária, e é aclamado como tendo uma forma mais concentrada de nutrientes do que o próprio fruto da oliveira.

No passado, os produtos de *Olea europaea* foram utilizados como afrodisíacos, emolientes, laxantes, nutritivos, sedativos e tónicos. As condições específicas tradicionalmente tratadas incluem cólicas, alopecia, paralisia, dores reumáticas, ciática e hipertensão[1].

Os efeitos vantajosos do consumo de azeite são apoiados por uma longa e cuidadosa investigação científica. As gorduras e os óleos têm o mesmo denominador regular no valor energético (9 calorias por grama), no entanto, o metabolismo de cada grupo difere muito dos restantes. O azeite inclui uma série de compostos que são muito benéficos para a maioria das funções do corpo humano. O valor biológico e terapêutico do azeite está relacionado em muitas caraterísticas com a sua estrutura química.

A primeira caraterística é a sua composição em triglicéridos, constituídos por ácidos gordos. O azeite tem uma predominância de monoinsaturados, principalmente o ácido oleico, enquanto as gorduras animais são fundamentalmente constituídas por ácidos gordos saturados e os óleos de sementes por polinsaturados. Os ácidos gordos monoinsaturados são muito mais estáveis. Além disso, o azeite tem uma baixa percentagem de poliinsaturados, o que é importante porque estas categorias de ácidos gordos não podem ser sintetizadas pelo organismo. A segunda caraterística está nos seus componentes menores. Os mais importantes são os tocoferóis e os polifenóis. Estes componentes têm uma função antioxidante significativa e estão intimamente ligados aos azeites virgens porque os processos de refinação alteram-nos e removem-nos.

Em comparação com as gorduras alimentares, o azeite virgem extra é o mais digerível e:- ajuda a assimilar as vitaminas A, D e K;- contém ácidos essenciais que não podem ser produzidos pelo nosso próprio organismo;- retarda o processo de envelhecimento; ajuda as funções biliares, hepáticas e intestinais.

Todos os dias de manhã, os gregos antigos tinham o hábito de consumir 1-2 colheres de azeite. Esta prática higiénica ajudava a tratar a simples obstipação crónica e as úlceras do estômago. Atualmente, apesar dos avanços da medicina moderna e da farmacologia, esta prática é recomendada pela sua influência positiva na digestão. Vale a pena mencionar que o azeite tem um efeito benéfico no tratamento dietético da diabetes. Além disso, ajuda a controlar a tensão arterial e aumenta a massa óssea. Supõe-se que o azeite tem um efeito favorável no desenvolvimento dos sistemas nervoso central e vascular, no desenvolvimento do cérebro e no desenvolvimento normal da criança. O corpo humano absorve o azeite sem dificuldade. Isto significa que o corpo absorve os bons ingredientes, como a vitamina E e os fenóis, que têm propriedades anti-oxidantes e previnem a oxidação do tecido adiposo. No azeite, a clorofila é outro elemento importante. O azeite ajuda a limpar a bexiga da gaivota. O azeite não só é fácil de digerir, como também facilita a digestão de outras substâncias gordas, porque facilita as secreções do sistema péptico e estimula a enzima pancreática lipace. Uma das causas mais importantes para a degeneração das células e a sua eventual destruição é a acumulação de radicais livres, que são produzidos pela oxidação dos tecidos gordos no corpo. O corpo humano pode proteger-se dos efeitos negativos dos radicais livres através da vitamina E, fenóis e outras substâncias antioxidantes. Uma elevada percentagem de fenóis e vitamina E contidos no azeite ajuda a retardar o processo de envelhecimento. Além disso, o consumo de azeite tem um efeito muito positivo sobre o colesterol sanguíneo e limita a oxidação do mau colesterol (causa do derrame de artilharia e das doenças cardíacas) porque é rico em agentes anti-oxidantes. O processamento químico pode melhorar o azeite de alta acidez e torná-lo comestível, mas retira-lhe alguns ingredientes extremamente valiosos, como as vitaminas e os fenóis. Consequentemente, o azeite processado (refinado) não possui as propriedades e caraterísticas desejáveis que podem ser encontradas em abundância no azeite virgem extra.

Como qualquer substância gordurosa, o azeite pode deteriorar-se durante o processo de fritura, especialmente se for utilizado em excesso e se a temperatura de fritura for muito elevada. Os bons ingredientes de qualquer óleo são destruídos com a temperatura elevada e criam agentes nocivos para o fígado, as artérias e o coração. No entanto, é menos provável que estes agentes nocivos sejam criados no azeite do que em todos os outros óleos vegetais conhecidos, porque o azeite tem uma composição diferente.

É importante ter em consideração que o azeite contém uma elevada percentagem de ácido oleico, que é muito mais resistente à oxidação do que os ácidos polinsaturados, que se encontram em grandes quantidades nos óleos de sementes. Mas o mais importante é que o azeite contém agentes anti-oxidantes naturais, tais como fenóis e vitamina E.

Em comparação com outras gorduras, o azeite é o mais estável quando é aquecido, o que significa que resiste bem a temperaturas de fritura elevadas. O elevado ponto de fumo do azeite (410° F) é muito superior à temperatura ideal para fritar alimentos (356°) e a sua digestibilidade não é afetada quando é aquecido, mesmo quando é reutilizado várias vezes para fritar. Sabe-se que as populações mediterrânicas que utilizam habitualmente o azeite como principal fonte de gordura para cozinhar e temperar os alimentos têm uma vida mais longa e saudável. As investigações científicas estão a começar a centrar-se em alguns dos outros elementos do azeite, elementos que são semelhantes aos compostos anticancerígenos encontrados em alguns frutos e legumes. Todos os estudos concluíram que o azeite parece ter um papel não só no combate às doenças cardíacas, mas também no controlo do excesso de peso, da diabetes e na proteção contra alguns tipos de cancro. Atualmente, isto não significa que adicionar azeite a uma má dieta o tornará saudável, mas reduzir a ingestão de gorduras, limitar as gorduras animais e utilizar o azeite como fonte primária de gordura alimentar, juntamente com uma dieta rica em frutos, grãos, legumes e vegetais, acompanhada de uma atividade física regular, melhorará a saúde. Por último, é muito importante saber que os produtores sem escrúpulos podem colocar no mercado azeite como "virgem extra", desde que cumpra as normas de acidez e satisfaça as normas de análise química, sem informar os consumidores de que parte do azeite é quimicamente rectificado ou que foi misturado. As fraudes incluem a mistura de azeite com óleos de nozes ou de sementes, bem como a mistura de azeite rectificado com azeite virgem extra. Obviamente, este azeite não terá os benefícios para a saúde de um verdadeiro azeite virgem extra!

Nos países que circundam o Mar Mediterrâneo, a azeitona pode ser consumida inteira, quer como fruto preto totalmente maduro, quer como fruto verde não maduro. O azeite, a principal fonte de gordura alimentar nos países onde se cultiva a azeitona [2, 3], faz parte da chamada "dieta mediterrânica" e tende a ter uma baixa incidência de doenças crónicas degenerativas[4]. Embora existam variações dietéticas entre os países mediterrânicos, uma caraterística comum é o elevado consumo de azeite, quer cru, quer como a principal gordura para cozinhar [4]. Cinquenta por cento do total de gordura consumida na dieta mediterrânica provém da cozedura com azeite, sendo a fritura o método mais utilizado [4]. Na segunda parte do século XX, Keys et al realizaram o

Seven Countries Study, que revelou que a dieta mediterrânica está associada a uma incidência reduzida de doenças degenerativas, em especial doenças coronárias e cancros da mama, da pele e do cólon [5, 6].

Uma vez que o azeite é a principal fonte de energia da dieta mediterrânica, a investigação recente centrou-se na sua contribuição para os benefícios da dieta para a saúde. Em comparação com outros países, a dieta mediterrânica tem um teor relativamente elevado de gordura; no entanto, como a dieta está associada a uma baixa incidência de cancro e de doença coronária, apesar da elevada ingestão de gordura, tem sido sugerido que o tipo de gordura é mais importante do que a quantidade total consumida [6, 7]. Para fabricar azeite, os frutos das azeitonas são esmagados para criar um bagaço, que é depois homogeneizado antes de ser prensado para produzir óleo. O óleo primário extraído é o azeite virgem extra de alta qualidade - produzido utilizando apenas centrifugação e água. Depois disso, o bagaço pode ser novamente processado para produzir o azeite virgem refinado de qualidade inferior. A extração suplementar com solventes orgânicos pode ser realizada para produzir óleo de casca refinado de baixa qualidade [7]. Enquanto a composição do azeite é complexa, os principais grupos de compostos que se pensa contribuírem para os benefícios observados para a saúde incluem o ácido oleico, os fenólicos e o esqualeno [7], tendo-se verificado que cada um deles inibe o stress oxidativo. Os antioxidantes presentes nas azeitonas defendem-nas da oxidação provocada pelas altas temperaturas e pela radiação ultravioleta do clima mediterrânico [8]. Os métodos físicos adoptados para produzir azeite conservam muitos dos seus compostos antioxidantes. Este facto não se verifica com outros óleos vegetais e de sementes, que tendem a ser mais refinados. Os factores que afectam as condições ambientais de cultivo das azeitonas alteram os constituintes do azeite, incluindo as suas propriedades antioxidantes [8].

Benefícios do Ácido I-Oleico

O azeite é composto por cerca de 72% de ácido oleico, um ácido gordo monoinsaturado [9]. Além disso, o azeite é excecional com um elevado teor de ácido oleico, porque a maioria dos óleos de sementes é composta principalmente por ácidos gordos polinsaturados, incluindo o ácido linoleico, um ácido gordo essencial do tipo ómega 6. Em comparação com os ácidos gordos polinsaturados, o ácido oleico é monoinsaturado, o que significa que tem uma ligação dupla, tornando-o muito menos suscetível à oxidação e contribuindo para a ação antioxidante, a elevada estabilidade e o longo prazo de validade do azeite [10].

As informações sobre os benefícios do ácido oleico para a saúde são contraditórias. Foi descrito que o ácido oleico desempenha um papel na prevenção do cancro. Em geral, continua a ser discutível se se trata de um efeito secundário do ácido gordo na estabilidade do óleo (prevenindo o stress oxidativo) ou de um efeito anticancerígeno direto [8]. A preferência pela última hipótese baseia-se no facto de que, embora o ácido oleico se encontre em alta concentração no azeite [11], também se encontra em níveis relativamente elevados nos géneros alimentícios que constituem a maior parte dos regimes alimentares ocidentais nos países não mediterrânicos

[12] . Por exemplo, a carne de bovino e de aves de capoeira contém 30 a 45% de ácido oleico, enquanto óleos como os de palma, amendoim, soja e girassol contêm 25 a 49% de ácido oleico[9]. Este facto pode possivelmente dever-se aos níveis comparativamente baixos de ácido oleico e aos níveis concomitantemente elevados de outros ácidos gordos.

Numerosos estudos *in vitro* e *in vivo* evidenciaram o efeito do ácido oleico no cancro. Llor e Pons realizaram experiências *in vitro* sobre o efeito do azeite ou do ácido oleico isolado na neoplasia colorrectal. Concluíram que o azeite induz a apoptose e a diferenciação celular e regula negativamente a expressão da ciclo-oxigenase-2 (COX-2) e Bcl-2. Supõe-se que a COX-2 desempenha um papel importante no desenvolvimento do cancro colorrectal, enquanto a Bcl-2 é uma proteína intracelular que inibe a apoptose.

O ácido oleico revelou uma indução apoptótica específica da linha celular, uma vez que as células HT-29 foram afectadas, mas não as células Caco-2. Além disso, o ácido oleico não teve qualquer efeito na regulação negativa da COX-2 e da Bcl-2. O azeite não teve qualquer efeito na proliferação celular. Após estes resultados, os investigadores concluíram que o ácido oleico desempenha um papel menor, se é que desempenha algum, na quimioprotecção colorrectal e que outros componentes do azeite estão envolvidos neste processo de proteção [13] .

Menendez et al examinaram in vitro o efeito do ácido oleico nas linhas celulares do cancro da mama [11]. Os resultados do seu estudo são encorajadores e apoiam a teoria de que o ácido oleico é importante na quimioprotecção. Os investigadores explicam que o ácido oleico regula em baixa a sobre-expressão de Her-2/neu, um oncogene sobre-expresso em cerca de 20% dos carcinomas da mama. Além disso, o gene conhecido como erb-B2 codifica a oncoproteína p185 Her-2/neu, um recetor órfão transmembranar de tirosina quinase que, em condições celulares normais, é altamente regulado porque controla muitas funções celulares, como a diferenciação, a proliferação e a apoptose. Por estas razões, a desregulação da p185Her-2/neu aumenta consideravelmente o risco de desenvolvimento de cancro.

Para além do ácido oleico isolado, os autores examinaram também o efeito do ácido oleico quando comparado e administrado simultaneamente com o medicamento anticancerígeno trastuzumab (HerceptinR). O trastuzumab é um anticorpo monoclonal humano que tem como alvo o p185Her-2/neu. Menendez et al estabelecem que o ácido oleico actua sinergicamente com o trastuzumab para aumentar a sua ação quando utilizado contra culturas de células que exprimem em excesso o Her-2/neuoncogene [11].

Na sequência destes resultados, Menendez et al procuraram identificar o mecanismo de ação do ácido oleico para a regulação negativa do oncogene Her-2/neu[14]. A investigação centrou-se no ativador 3 do vírus do polyoma (PEA3), uma proteína que reprime a expressão do Her-2/neu. Verificou-se que o ácido oleico regula positivamente a PEA3 e que se encontram níveis baixos de PEA3 nas células que exprimem em excesso a Her-2/neu; no entanto, níveis elevados de PEA3 estão associados a uma expressão baixa de p185Her-2/neu [14]. Uma vez que estes dados são provenientes de linhas celulares *in vitro*, os autores alertam para o facto de os resultados não poderem ser extrapolados para provar que o consumo exógeno de ácido oleico regula negativamente a expressão de Her-2/neu através da regulação positiva de PEA3 *in vivo*.

Este documento resume os conhecimentos actuais sobre a biodisponibilidade e as actividades biológicas dos compostos menores do azeite.

II- Actividades biológicas dos compostos fenólicos presentes no azeite
II-1-Constituintes fenólicos do azeite '

O azeite virgem é obtido a partir da primeira e segunda prensagem do fruto da azeitona, através do método de prensagem a frio, em que não são aplicados produtos químicos e apenas uma pequena quantidade de calor. O azeite virgem é composto por uma fração de glicerol (que representa 90-99% do fruto da azeitona) e uma fração não glicerolada ou insaponificável (que representa 0,4-5% do fruto da azeitona) que contém compostos fenólicos [15]. Anteriormente, os efeitos benéficos para a saúde da ingestão de azeite virgem eram atribuídos à fração de glicerol com a sua elevada concentração de ácidos gordos monoinsaturados (MUFAs) (particularmente o ácido oleico) [15]. No entanto, vários óleos de sementes (incluindo girassol, soja e colza) que contêm grandes quantidades de MUFAs são ineficazes na alteração benéfica dos factores de risco de doenças crónicas [16, 17]. Consequentemente, foi realizado um número substancial de investigações que examinaram as acções biológicas dos compostos fenólicos do azeite na fração insaponificável, para ajudar a explicar a redução da mortalidade e da morbilidade das pessoas que consomem uma dieta mediterrânica tradicional. Estudos *in vivo* e *in vitro* em humanos e animais confirmaram que os compostos fenólicos do azeite têm efeitos positivos em determinados parâmetros fisiológicos, como as lipoproteínas plasmáticas, os danos oxidativos, os marcadores inflamatórios, a função plaquetária e celular, a atividade antimicrobiana e a saúde óssea. Uma variedade de fenóis no azeite proporciona alguns dos seus benefícios para a saúde. O teor de fenólicos totais foi registado como sendo da ordem dos 196-500 mg/kg.7

Foram identificados mais de 30 compostos fenólicos VOO, tendo sido registada uma variação considerável na concentração desses compostos fenólicos (0,02 a 600 mg/kg) [18] [24].

Os compostos fenólicos presentes no VOO podem ser classificados da seguinte forma: ácidos fenólicos, álcoois fenólicos, secoiridoides, hidroxi-isocromanos, flavonoides e lignanos. A fração dos ácidos fenólicos é a que está presente em menor quantidade no VOO. Em contrapartida, os secoiridoides estão presentes em maior quantidade no VOO. Por outro lado, os álcoois fenólicos, os flavonóides e os lignanos estão presentes em quantidades entre as dos ácidos fenólicos e dos secoiridóides. Por último, os dados relativos à quantidade de hidroxi-isocromanos são atualmente limitados.

Embora a concentração de compostos fenólicos no azeite seja muito variável, uma conclusão coerente é que o azeite virgem extra tem um teor fenólico mais elevado do que o azeite virgem refinado.7,15 Owen et al mostraram que esta diferença se reflectia nos níveis de fenóis individuais, bem como na quantidade total de fenóis no azeite.

Os teores de fenóis dependem de vários factores, nomeadamente: variedade do fruto da azeitona [1927], região de cultivo do fruto da azeitona [22], técnicas agrícolas utilizadas para cultivar o fruto da azeitona [19, 28, 29], maturidade do fruto da azeitona na colheita [20, 24, 29-33] e métodos de extração, transformação e armazenagem do azeite e tempo decorrido desde a colheita [23, 29, 30, 34-39] .

Além disso, a investigação demonstrou que os métodos de cozedura também podem alterar as concentrações de fenólicos no azeite virgem [40-42][. Por último, o método analítico utilizado para quantificar a concentração de compostos fenólicos presentes no azeite virgem tem influência na concentração comunicada [43] Os fenóis do azeite podem ser separados em três categorias: fenóis simples, secoiridoides e lignanos, todos eles inibidores da auto-oxidação. Os fenóis principais incluem o hidroxitirosol, o tirosol, a oleuropeína [44] e o ligstrosídeo [7]. Os fenóis simples são o hidroxitirosol e o tirosol e a oleuropeína é um secoiridoide. O hidroxitirosol e o tirosol são formados a partir da hidrólise das agliconas secoiridóides da oleuropeína e do ligstrosídeo. A hidrólise da oleuropeína, que ocorre durante a armazenagem do azeite[45], resulta na formação de hidroxitirosol, tirosol e etanol[46]. Para além de estar presente no azeite, o hidroxitirosol é endógeno ao cérebro, como catabolito da degradação dos neurotransmissores [8].O teor fenólico do fruto da oliveira muda à medida que este cresce e se desenvolve. Após seis meses de crescimento, os principais fenóis são os glucósidos de ligstroside e oleuropeína [7]. À medida que a azeitona amadurece, estes compostos são desglicosilados por enzimas glucosidase para libertar secoiridoides [7]. Ao contrário dos glucósidos, os secoiridoides livres podem ser detectados no azeite. Uma vez que os secoiridoides livres são capazes de atravessar a barreira óleo/água, estes compostos dividem-se no azeite [7]. A concentração de compostos fenólicos e a capacidade antioxidante do extrato de pericarpo de azeitona preta (da camada exterior da azeitona preta) são superiores às do extrato de pericarpo de azeitona verde [6].

Há muitos anos que se sabe que os compostos com um grupo catecol apresentam atividade antioxidante

[3]. O composto catecol é capaz de estabilizar os radicais livres através da formação de ligações de hidrogénio intramoleculares. Dos três principais fenóis do azeite, o hidroxitirosol e a oleuropeína são catecóis e o tirosol é um monofenol. Foi sugerido que, de todos os fenóis presentes no azeite, apenas os catecóis são importantes[3].

Os compostos hidroxitirosol e oleuropeína eliminam os radicais livres e inibem a oxidação das lipoproteínas de baixa densidade (LDL) [3, 7]. Estes dois fenóis demonstram uma atividade dependente da dose e são considerados antioxidantes potentes, demonstrando atividade na gama micromolar. Ambos são mais potentes na eliminação de radicais livres do que o antioxidante endógeno vitamina E e os antioxidantes exógenos dimetilsulfóxido (DMSO) e butil-hidroxitolueno (BHT) [3, 7]. Foi demonstrado que estes dois catecóis eliminam uma variedade de radicais livres e oxidantes endógenos e exógenos, incluindo os gerados pelo peróxido de hidrogénio [7], ácido hipocloroso e xantina/xantina oxidase [3]. São necessárias concentrações elevadas de tirosol para exercer um efeito antioxidante. Com a eliminação do radical hidroxilo como medida da capacidade antioxidante, Owen et al concluíram que o azeite tem uma capacidade antioxidante superior à dos óleos de sementes e que o azeite virgem extra é mais potente do que o azeite virgem refinado [10] devido à sua maior concentração de antioxidantes.

Foram obtidos resultados comparáveis quando se utilizou a xantina oxidase [10] e o ácido hipocloroso [3]. Os fenóis extraídos do azeite são capazes de eliminar os radicais livres produzidos na matriz fecal, o que se pensa poder explicar os dados epidemiológicos que sugerem um efeito quimioprotector do azeite no cólon [7].

Um mecanismo relacionado com os efeitos anticancerígenos do hidroxitirosol e da oleuropeína é a prevenção dos danos no ADN, o que pode evitar a mutagénese e a carcinogénese [3].

O hidroxitirosol, por outro lado, tem atividade biológica para além da sua capacidade antioxidante, uma vez que pode afetar uma série de enzimas, incluindo a ciclo-oxigenase e a NAD(P)H oxidase [3], e reduzir a agregação plaquetária [3, 47].

Recentemente, foi identificado um derivado secoiridoide, o oleocanthal - a forma dialdeídica da aglicona deacetoxi-ligstrosídeo. Este composto, com um efeito extremamente irritante para a garganta, demonstrou inibição das enzimas ciclo-oxigenase e atividade anti-inflamatória [48].

Por definição, a biodisponibilidade de um composto refere-se ao grau em que este é extraído de uma matriz alimentar e absorvido pelo organismo [49]. A maior parte da investigação relativa à biodisponibilidade dos compostos fenólicos do azeite centrou-se em três fenólicos principais: hidroxitirosol, tirosol e oleuropeína e, em geral, foi demonstrado que os fenólicos do azeite virgem são facilmente biodisponíveis.

A investigação revelou que os compostos fenólicos, o hidroxitirosol e o tirosol, são absorvidos após a ingestão de uma forma dependente da dose [50, 51]. Tuck e colegas [52] confirmaram uma maior biodisponibilidade do hidroxitirosol e do tirosol quando administrados como solução de azeite em comparação com uma solução aquosa. Sugeriu-se que a diferença na biodisponibilidade se deve ao elevado teor de antioxidantes do azeite virgem em comparação com a água e que este elevado teor de antioxidantes pode ter protegido a decomposição dos fenólicos no trato gastrointestinal antes da absorção [52]. Um estudo suplementar descobriu que a absorção de ligstroside-aglicona, hidroxitirosol, tirosol e oleuropeína-aglicona administrados foi tão elevada como 55-66% em humanos [53]. Para terminar, foi demonstrado que a oleuropeína é pouco absorvida pelo intestino isolado e perfundido do rato [54] . O procedimento através do qual ocorre a absorção dos compostos fenólicos do azeite permanece pouco claro. No entanto, postula-se que as polaridades diferentes dos vários fenólicos desempenham um papel na absorção destes compostos [53].

Por exemplo, os fenólicos tirosol e hidroxitirosol são compostos polares e postulou-se que a sua absorção ocorre por difusão passiva [55]. O fenólico polar mas maior, oleuropeína-glicosídeo, pode ser absorvido através de um mecanismo diferente do tirosol e do hidroxitirosol. Foi proposto que a oleuropeína-glicosídeo pode difundir-se através da bicamada lipídica da membrana celular epitelial e ser absorvida através de um transportador de glicose. Dois mecanismos suplementares para a absorção da oleuropeína-glicosídeo são potencialmente através da via paracelular ou da difusão passiva transcelular [54]. As agliconas de oleuropeína e ligstrosídeo são menos polares e atualmente não existem dados disponíveis sobre o seu mecanismo de absorção. É necessária mais investigação para fundamentar os mecanismos de absorção destes fenólicos e investigar melhor os mecanismos de outros compostos fenólicos.

Também foram efectuados estudos que investigaram a quantidade de fenólicos excretados. Uma pequena quantidade de fenólicos presentes na urina após a ingestão indicaria que estes fenólicos são facilmente absorvidos. Os compostos fenólicos (principalmente sob a forma de hidroxitirosol e tirosol) que podem ser excretados foram determinados como sendo 5-16% do total ingerido [53]. Num estudo realizado por Miro Cases e colegas, foi demonstrada a excreção de aproximadamente 24% do tirosol administrado [56]. Como ponto final, Visioli e colegas [50] relataram que a excreção de hidroxitirosol e tirosol administrados se situa entre 30-60% e 20-22% do total ingerido por seres humanos, respetivamente. As descobertas anteriores mostram que os seres humanos absorvem uma porção significativa (~40-95%, usando o hidroxitirosol e o tirosol como substitutos) dos compostos fenólicos do azeite que consomem [53]. Uma vez que a maioria dos dados se baseia apenas em três fenólicos, é necessária mais investigação sobre a excreção de outros fenólicos importantes no azeite virgem.

Deve ser referido que o metabolismo dos compostos fenólicos do azeite é importante para determinar a sua disponibilidade. Quando os fenólicos são decompostos e convertidos noutros fenólicos, isso pode ter um efeito notável na sua biodisponibilidade. Os compostos fenólicos, oleuropeína-glicosídeo e oleuropeína e ligstrosídeo-agliconas, são convertidos em hidroxitirosol ou tirosol e excretados na urina [53]. O hidroxitirosol e o tirosol são por vezes conjugados com ácido glucurónico e excretados na urina como glucuronídeos [50, 51, 53, 57].

No entanto, é necessário continuar a trabalhar neste domínio.

II-3-Olive Oil Phenolic Compounds and Health (Compostos fenólicos do azeite e saúde)

Estudos em humanos e animais revelaram que os compostos fenólicos do azeite possuem actividades biológicas importantes que podem exercer um efeito preventivo no que diz respeito ao desenvolvimento de doenças crónicas degenerativas. A figura 1 explica as actividades biológicas exercidas pelos compostos fenólicos do azeite. A Tabela 1 recapitula brevemente os resultados de vários estudos humanos que investigaram as actividades biológicas dos compostos fenólicos do azeite.

Figura 1. Actividades biológicas dos compostos fenólicos do azeite (adaptado de Cicerale *et al.[18]* [62]).

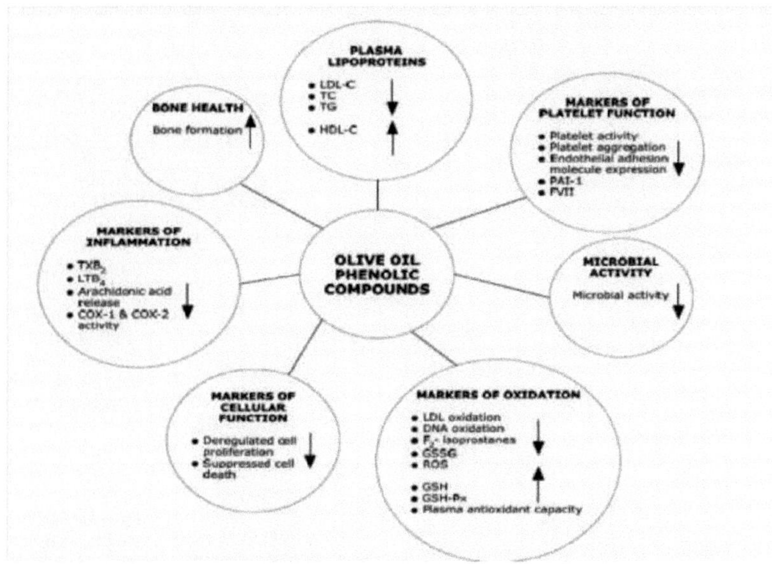

Tabela 1. Estudos aleatórios, cruzados, controlados, em humanos, sobre o efeito dos compostos fenólicos do azeite em biomarcadores de saúde (adaptado de Cicerale *et al. /18/|62|*).

Treatment	Subject number	Olive oil phenolic concentration	Olive oil phenolic concentration	Investigated biomarker	Key findings	Ref
High phenolic concentration vs. low phenolic concentration olive oil	28 coronary heart disease subjects	161 vs. 14.67 mg/kg	3 week, crossover	IL-6, C-reactive protein, sICAM-1, sVCAM-1and plasma lipids	Interleukin-6 and C-reactive protein decreased after phenol-rich olive oil consumption. However, no changes in soluble intercellular (sICAM-1) and vascular adhesion (sVCAM-1) molecules and lipid profile were conserved	[58]70
High phenolic concentration vs. low phenolic concentration-enriched breakfast	21 hyper-cholesterolemic subjects	400 vs. 80 mg/kg	Acute dose, crossover	FVIIa and PAI-1	Concentrations of FVIIa increased less and PAI-1 activity decreased more after the high phenolic breakfast than after the low phenolic breakfast.	[59]71
High phenolic concentration vs. moderate phenolic concentration vs. poor phenolic concentration olive oil	30 healthy subjects	825 vs. 370 vs. 0 μmol CAE/kg	3 week, crossover	Plasma lipids and oxLDL	An increase in phenolic content of LDL-C and decrease in oxLDL was noted after consumption of oil rich in phenolic compounds.	[60]72
High phenolic	12	607 vs. 16 vs.	Acute dose,	Plasma TXB2,	Decrease in TXB2	[61]73

concentration vs. low phenolic concentration olive oil vs. corn oil	healthy subjects	0 mg/kg	crossover	plasma LTB4 and plasma antioxidant capacity	and LTB4 with increasing phenolic content of olive oil and concomitant increase in plasma antioxidant capacity with increased phenolic content of olive oil.	
High phenolic concentration vs. low phenolic concentration olive oil	10 healthy subjects	592 vs. 147 mg/kg	8 week, crossover	Oxidative DNA damage and plasma antioxidant capacity	A reduction in DNA damage with the consumption of a phenol-rich olive oil diet was demonstrated. No difference was seen in plasma antioxidant capacity.	[62]74
High phenolic concentration vs. moderate phenolic concentration vs. low phenolic concentration olive oil	200 healthy subjects	366 vs. 164 vs. 2.7 mg/kg	3 week, crossover	Plasma lipids, plasma oxLDL, plasma F2-isoprostanes, GSH and GSSG	A linear increase in HDL-C was observed for low-, medium-, and high phenolic olive oil. Furthermore, TC to HDL-C ratio decreased linearly with the increasing phenolic content of the olive oil. OxLDL decreased linearly with increasing phenolic content of the olive oil and TG levels decreased for all olive oils. Oxidative stress markers indicated by GSH and GSSG	[63]25

					decreased linearly with increasing phenolic content.	
High phenolic concentration vs. moderate phenolic concentration vs. low phenolic concentration olive oil	12 healthy subjects	366 vs. 164 vs. 2.7 mg/kg	Acute dose, crossover	Plasma F2-isoprostanes oxLDL	Plasma F2-isoprostanes and plasma	All olive oils promoted postprandial oxidative stress indicated by increased F2-isoprostanes, however, the degree of LDL oxidation decreased as the phenolic content in administered oil increased.	[64]75
High phenolic concentration vs. low phenolic-enriched breakfast	21 hyper-cholesterolemic subjects	400 vs. 80 mg/kg	Acute dose, crossover	Plasma LPO and plasma F2-isoprostanes	Decrease in LPO and F2-isoprostanes with intake of the phenol-enriched breakfast compared to low phenol-enriched breakfast.	[65]76
High phenolic concentration vs. low phenolic concentration olive oil day,	22 mild dyslipidemic subjects	166 vs. 2 mg/kg	49 day; crossover	Plasma lipids, plasma TXB2, plasma antioxidant capacity and urinary F2-isoprostanes	Decrease in LPO and F2-isoprostanes with intake of the phenol-enriched breakfast compared to low phenol-enriched breakfast.	[66]77
High phenolic concentration vs. low phenolic concentration olive oil	43 coronary heart disease subjects	161 vs. 14.67 mg/kg	3 week, crossover	Plasma oxLDL, plasma LPO and whole blood GSH-Px	Decrease in oxLDL and LPO and increase in GSH-Px upon phenol-rich olive oil consumption.	[67]78
High phenolic concentration vs. moderate phenolic concentration vs. low phenolic concentration	30 healthy subjects	150 vs. 68 vs.0 mg/kg	3 week, Crossover	Plasma lipids and oxLDL	Sustained consumption of phenol-rich olive oil was more effective in protecting LDL from oxidation and in raising HDL-C than olive	[68]79

olive oil					oils with lesser quantities of phenolics.	
High phenolic concentration vs. moderate phenolic concentration vs. low phenolic concentration olive oil	12 healthy subjects	486 vs. 133 vs. 10 mg/kg	4 day, crossover	Plasma lipids, plasma oxLDL, plasma GSH-Px and urinary 8-oxo-dG	Short-term consumption of phenol-rich olive oil decreased plasma oxLDL, urinary 8-oxo-dG, and increased plasma HDL-C and GSH-Px, in a dose-dependent manner with the increasing phenolic content of the olive oil administered.	[69]80
High phenolic concentration vs. low phenolic concentration olive oil	25 healthy subjects	21.6 vs. 3.0 mg/kg	3 week, crossover	Plasma antioxidant capacity and oxLDL	Plasma antioxidant capacity and oxLDL did not differ significantly between the phenol-rich and phenol-poor olive oil.	[70]81
High phenolic concentration vs. low phenolic concentration olive oil	46 health subjects	308 vs. 43 mg/kg	3 week, crossover	Plasma lipids, plasma oxLDL and plasma LPO	No effect on plasma lipids, oxLDL, and LPO were noted between the phenol-rich and phenol-poor olive oils.	[71]82
Olive oil with different phenolic concentrations	6 healthy subjects	1950 vs. 1462.5 vs. 975 vs. 487.5 mg/kg	Acute dose, cross over	Urinary F2-isoprostanes	A dose-dependent decrease in urinary excretion of F2-isoprostanes was noted upon administration of phenol-rich olive oil.	[72]29
High phenolic concentration vs.	14 healthy subjects	303 vs. 0.3 mg/kg	4 week, crossover	Plasma oxLDL and serum	Increase in plasma antioxidant capacity but no	[73]83

low phenolic concentration				antioxidant capacity	change in oxLDL	
High phenolic concentration vs. low phenolic concentration subjects	24 peripher al vascular disease	800 vs. 60 mg/kg	12 week, crossover	Plasma lipids and plasma oxLDL	A lower oxLDL was noted in subjects after administration of phenol-rich olive oil No difference in plasma lipids was observed.	[74]84

II-4- Efeito benéfico dos compostos fenólicos do azeite nas lipoproteínas plasmáticas

Os níveis elevados de colesterol total (CT) e de colesterol de lipoproteínas de pequena densidade (LDLC) foram reconhecidos como factores de risco para a aterosclerose, que é a principal causa de doença cardiovascular (DCV). No entanto, por outro lado, supõe-se que níveis elevados de colesterol de lipoproteínas de alta densidade (HDL-C) têm propriedades protectoras e anti-inflamatórias [75, 76] [85,86]. Os resultados estatísticos de um estudo humano controlado com 200 indivíduos saudáveis do sexo masculino estabelecem uma diminuição no rácio CT para HDL-C com o aumento do conteúdo fenólico do azeite virgem consumido. Foi também observado um aumento do HDL-C com o aumento da concentração fenólica do azeite [63]. O consumo de azeites virgens ricos em fenóis resultou em aumentos do colesterol HDL circulante que variaram entre 5,1 e 6,7% em dois outros estudos em humanos [68, 69][79,80]. Além disso, um estudo anterior mostrou uma diminuição significativa do colesterol LDL após uma semana de consumo de azeite virgem rico em fenol [77] .

Três estudos em humanos, que utilizaram pessoas com dislipidemia ligeira e doença vascular periférica (em oposição aos indivíduos saudáveis utilizados nos outros estudos), mostraram que os compostos fenólicos do azeite não tiveram qualquer efeito na composição lipídica do sangue [66, 71, 74]. Estas investigações, em duas das três investigações e no terceiro estudo, os autores propõem que o período de estudo de três semanas pode não ter sido suficientemente longo para observar um efeito de tratamento. No entanto, deve notar-se que, num estudo, quatro dias foi o tempo suficiente para observar uma alteração no colesterol HDL [69].

Estudos em animais demonstraram que a ingestão de azeite virgem rico em fenóis conduziu a melhorias no perfil lipídico do sangue. Um estudo com coelhos confirmou uma redução do CT circulante e um aumento do HDL-C após o consumo de azeite virgem. Além disso, estudos efectuados em ratos descobriram que a ingestão de azeite virgem rico em fenóis diminui os níveis de CT, LDL-C e triglicéridos (TG) [78] e aumenta consideravelmente as concentrações de HDL-C [79].

II-5- Efeito benéfico dos compostos fenólicos do azeite na oxidação lipídica

A oxidação das LDL (oxLDL) é considerada um fator de risco importante para o desenvolvimento da aterosclerose e das DCV [80]. A oxidação das LDL produz danos na parede vascular, estimulando a absorção pelos macrófagos e a formação de células espumosas, que, por sua vez, resultam na formação de placas na parede arterial [67, 71, 81, 82] . Estudos *in vivo em* humanos e animais revelaram que o nível de oxidação do LDL diminui linearmente com o aumento da concentração de fenólicos [63, 64, 67-69, 77, 83-85]. Os resultados de dois outros estudos mecanicistas confirmaram que os compostos fenólicos são capazes de se ligar ao LDL e os autores sugerem que este facto pode ser responsável pelo aumento da resistência do LDL à oxidação [60, 86]. No entanto, é importante notar que houve resultados contraditórios de três estudos de curto prazo que sugerem que o conteúdo fenólico do azeite virgem não desempenha um papel na redução do LDL-ox [70, 71, 73]. Além disso, estudos *in vitro* descobriram que os compostos fenólicos extraídos do azeite virgem inibem a oxidação do LDL-C [25, 87, 88].

II-6-Efeito benéfico dos compostos fenólicos do azeite sobre os danos oxidativos do ADN

ADN O dano oxidativo é um precursor da carcinogénese humana [89] e é bem conhecido que os radicais de oxigénio atacam continuamente as células humanas [62]. Se os danos causados a estas células não forem neutralizados, podem ocorrer danos no ADN, e esses danos podem conduzir ao desenvolvimento do cancro [62]. Os resultados de um ensaio de intervenção cruzado e aleatório mostraram que a ingestão de azeite virgem rico em fenol diminui os danos oxidativos no ADN até 30% em comparação com um azeite virgem com baixo teor de fenol [62]. Outro estudo também demonstrou que, após o consumo de azeite virgem rico em fenol, se verificou uma diminuição da excreção urinária de 8-oxo-desoxiguianosina (8oxodG), um marcador sistémico da oxidação do ADN[89, 90].

Em apoio a estes resultados de investigação, estudos em animais também relataram que uma dieta enriquecida com compostos fenólicos do azeite tem um efeito protetor contra danos no ADN [91, 92]. De acordo com estes resultados, um estudo recente *in vitro* indicou que os compostos fenólicos do azeite apresentavam uma atividade preventiva da oxidação do ADN [93].

II-7-Efeito benéfico dos compostos fenólicos do azeite em marcadores adicionais de oxidação

O stress oxidativo criado pelas espécies reactivas de oxigénio (ROS) tem sido associado a uma série de doenças como a aterosclerose, certos cancros e doenças neurodegenerativas[94] [90,104] e é considerado um subproduto do metabolismo aeróbico. Goya *et al.*[95] examinaram uma amostra de células HepG2 do hepatoma humano com hidroxitirosol e verificaram que houve uma diminuição da produção de ROS.

Da mesma forma, foi demonstrado que os compostos fenólicos do azeite eliminam as ROS em condições de stress oxidativo natural e quimicamente simulado [96-98]. Um estudo suplementar efectuado por Moreno *et al.* demonstrou que o tirosol modulava a produção de ROS em macrófagos murinos [99].

Foi também relatado que a ação antioxidante global do plasma aumenta nos seres humanos após a ingestão de compostos fenólicos do azeite [62]. No entanto, um estudo não registou um aumento da capacidade antioxidante total do sangue [70].

O stress oxidativo pode ser revelado pela presença de marcadores como os F2-isoprostanos, os peróxidos lipídicos (LPO), o glutatião oxidado (GSSG), o glutatião reduzido (GSH) e a glutatião peroxidase (GSH-Px). Os F2-isoprostanos são uma consequência da peroxidação do ácido araquidónico induzida por radicais livres. A LPO é mais do que provavelmente um subproduto da oxidação dos ácidos gordos [100] e a redução da GSH protetora precede a oxidação lipídica e a aterogénese in vivo[101].

Os resultados de estudos em humanos mostraram efeitos benéficos dos compostos fenólicos do azeite nestes marcadores de stress oxidativo acima mencionados. Uma investigação cruzada e aleatória revelou que a ingestão de um pequeno-almoço enriquecido com fenólicos de azeite reduziu significativamente os níveis de F2-isoprostano em comparação com um pequeno-almoço pouco enriquecido com fenólicos [100, 102]. Visioli e colegas [72] confirmaram que o consumo de um azeite virgem rico em fenólicos estava associado a uma diminuição significativa da excreção urinária de F2-isoprostanos. Um estudo humano diferente não encontrou um efeito dos fenólicos do azeite nos níveis de F2-isoprostano, o que pode dever-se provavelmente ao teor fenólico consideravelmente baixo do azeite administrado (166 mg/kg) [102] em comparação com um teor fenólico de até 1950 mg/kg no estudo de Visioli *et al.* [72]. Um estudo realizado em animais concluiu também que a administração de águas residuais de azeite contendo hidroxitirosol a ratos expostos ao fumo do cigarro reduziu significativamente os níveis de F2-isoprostano ($p < 0,05$)[103].

Covas e colegas [63] estabelecem que o azeite virgem rico em fenol modulou de forma benéfica o equilíbrio entre GSH e GSSG, enquanto Weinbrenner e colegas [69] encontraram um aumento na GSHPx após a administração de azeite virgem rico em fenol em seres humanos. Além disso, foi registada uma diminuição da LPO após a administração de fenólicos do azeite. Mais recentemente, verificou-se que os compostos fenólicos do azeite provenientes das águas residuais dos lagares de azeite aumentam as concentrações de GSH no sangue humano [104]. Dois estudos adicionais mostraram também que os compostos fenólicos do azeite reduzem os danos oxidativos nos glóbulos vermelhos e nas células renais [105, 106].

II-8-Efeito benéfico dos compostos fenólicos do azeite nos marcadores de inflamação

Concentrações elevadas de marcadores de inflamação no soro estão correlacionadas com o aumento do risco cardiovascular [107]. Entre os agentes pró-inflamatórios, citamos o tromboxano B2 (TXB2) e o leucotrieno B4 (LTB4). O TXB2 tem a capacidade de aumentar a agregação das plaquetas sanguíneas e o LTB4 tem um efeito quimiostático nos neutrófilos, direcionando as células para o tecido danificado [73,114]. Estes mediadores inflamatórios são reconhecidos por produzirem a dor, a vermelhidão e o inchaço associados à inflamação [108]. Bogani e colegas [61] estabeleceram uma redução nas concentrações de TXB2 e LTB4 com o aumento da concentração fenólica do azeite. Estes resultados também estão de acordo com investigações anteriores [66, 69, 109].

Os indicadores inflamatórios, a interleucina-6 (IL-6) e a proteína C-reactiva (PCR), também se revelaram preditores de DCV [58]. A IL-6 é um mediador pró-inflamatório que estimula a inflamação em resposta a traumas e a PCR geralmente aumenta quando há inflamação [70]. Fito e colegas [58] estabeleceram que o consumo de compostos fenólicos do azeite de uma dose diária de azeite virgem diminuiu as concentrações circulantes de IL-6 e PCR em 28 pacientes coronários estáveis.

Os resultados da investigação *in vitro* também apoiam a capacidade anti-inflamatória dos compostos fenólicos do azeite. Verificou-se que os fenólicos do azeite virgem diminuem a libertação de ácido araquidónico e a síntese de metabolitos do ácido araquidónico *in vitro*, estando ambos envolvidos no processo inflamatório [99]. Foi demonstrado que o composto fenólico do azeite, oleocanthal, inibe a atividade da ciclo-oxigenase-1 (COX-1) e da ciclo-oxigenase-2 (COX-2) (ambas envolvidas no processo inflamatório) da mesma forma que o medicamento anti-inflamatório ibuprofeno [110]. Na via inflamatória, a inibição das enzimas COX resulta na redução do araquidonato para os eicosanóides, prostaglandinas e tromboxano [111, 112].

II-9-Efeito benéfico dos compostos fenólicos do azeite na função plaquetária

Foi confirmado que a DCV e o desenvolvimento da aterosclerose estão associados às plaquetas sanguíneas. Os danos persistentes no epitélio vascular resultam no desenvolvimento de lesões e estas lesões aceleram a expressão das moléculas de adesão endotelial, a atividade e a agregação das plaquetas [113, 114]. Os monócitos que circulam na corrente sanguínea são atraídos por estas moléculas específicas, fixam-se ao endotélio e discriminam-se em macrófagos, que por sua vez eliminam as lipoproteínas ricas em LDL e triglicéridos (TG), transformando-se em células espumosas e formando estrias gordas [44] .

Foi revelado que os compostos fenólicos do azeite inibem a expressão da molécula de adesão endotelial após incubação com células endoteliais da veia umbilical humana [115]. Também foi confirmado que inibem a atividade das plaquetas humanas *in vitro* [116]. Observou-se que o hidroxitirosol, composto fenólico, inibe completamente a agregação plaquetária no sangue humano *(in vitro)* na gama de 100-400 pM [117]. Um estudo mais recente confirmou que vários compostos fenólicos do azeite (como a oleuropeína aglicona e a luteolina) também eram fortes inibidores da agregação plaquetária [118]. Foi demonstrado que o azeite virgem que inclui um elevado teor (400 mg/kg) de compostos fenólicos também diminui o inibidor do ativador do plasminogénio-1 (PAI-1) e o fator VII (FVII).

O PAI-1 e o FVII são dois factores pró-coagulantes que têm sido associados ao desenvolvimento de doenças coronárias [59]. Além disso, foi demonstrado que os fenólicos do azeite diminuem a homocisteína, que tem sido associada ao aumento da adesividade do endotélio [119].

II-10-Efeito benéfico dos compostos fenólicos do azeite na função celular

Tanto a proliferação celular como a supressão da morte celular são factores subjacentes à formação e progressão do tumor [120]. Até à data, a investigação mostrou que o fenólico do azeite, hidroxitirosol, inibe a proliferação celular em células de leucemia promielocítica humana HL60 e em linhas de cancro do cólon humano [121-123]. Hashim e colegas [124] verificaram uma inibição relacionada com a dose da invasão das células do cancro do cólon pelos compostos fenólicos do azeite. Além disso, verificou-se que o hidroxitirosol exerce fortes efeitos anti-proliferativos contra as células de adenocarcinoma do cólon humano [125]. Recentemente, a investigação utilizando células de cancro da mama MCF-7 e SKBR3 mostrou que os compostos fenólicos inibem o crescimento celular nestas linhas celulares de uma forma dependente da dose e reduzem a expressão do oncogene HER2, que desempenha um papel integral na transformação maligna, tumorigénese e metástases [126-128]. Além disso, foi demonstrado que a oleuropeína e o hidroxitirosol induzem a morte celular das células de cancro da mama humano MCF-7 [129]. Verificou-se também que os fenólicos do azeite aumentam a integridade e a viabilidade das células CaCo2 [122, 130].

O oleocanthal, outro composto fenólico do azeite, tem sido implicado na redução da incidência da doença de Alzheimer nas populações mediterrânicas através de dois mecanismos. Em primeiro lugar, na doença de Alzheimer, uma proteína associada aos microtúbulos (Tau), envolvida na promoção da montagem e estabilidade dos microtúbulos, começa a agregar-se em emaranhados neurofibrilares. Li e colegas [131] verificaram que o oleocanthal inibe a agregação da tau. Em segundo lugar, sugeriu-se que os oligómeros beta-amiloide (AP) (também designados por ADDL) estão envolvidos no desenvolvimento da doença de Alzheimer. Supõe-se que estes ADDLs se ligam a locais pós-sinápticos e causam perda sináptica e neuronal. Pitt e colegas [132] confirmaram que o oleocanthal tem a capacidade de alterar o estado de oligomerização das ADDLs, protegendo simultaneamente os neurónios dos efeitos sinaptopatológicos das ADDLs. Por conseguinte, o oleocanthal protege os neurónios da deterioração sináptica induzida pelas ADDLs e, adicionalmente, promove a eliminação de anticorpos das ADDLs [132]. Uma investigação suplementar demonstrou a neuroprotecção do hidroxitirosol em cérebros de ratos. Nesta investigação, verificou-se que o hidroxitirosol reduziu a atividade da desidrogenase láctica, que tem sido estreitamente relacionada com uma redução da peroxidação lipídica cerebral [133] .

II-11-Efeito benéfico dos compostos fenólicos do azeite na atividade microbiana

A investigação *in vitro* revelou que os compostos fenólicos do azeite têm caraterísticas antimicrobianas. Em especial, os compostos fenólicos, oleuropeína, hidroxitirosol e tirosol confirmaram uma atividade antimicrobiana potente contra várias estirpes de bactérias responsáveis por infecções intestinais e respiratórias[134]. Romero e colegas [45] estabeleceram que a forma dialdeídica do ligstrosídeo descarboximetilado não é hidrolisada no estômago e, por conseguinte, ajuda a inibir o crescimento da bactéria *Helicobacter pylori*. A bactéria *Helicobacter pylori* está associada ao desenvolvimento de úlceras pépticas e de alguns tipos de cancro gástrico. Tanto o hidroxitirosol como a oleuropeína também demonstraram ser citotóxicos para um grande número de estirpes bacterianas [135].

II-12- Efeito benéfico dos compostos fenólicos do azeite no osso

Até à data, uma investigação examinou o efeito dos compostos fenólicos do azeite no osso [136]. Nesta investigação, tanto o tirosol como o hidroxitirosol aumentaram significativamente a formação óssea em ratos. São agora necessários estudos adicionais para fundamentar estes resultados.

II-13-Fenólicos O azeite e o cancro

Devido à eficácia anti-inflamatória dos fenólicos VOO, muita investigação centrou-se nas propriedades farmacológicas destes compostos, em particular nas acções anticancerígenas. A investigação recomenda amplamente que a oleuropeína e o seu metabolito, o hidroxitirosol, exerçam propriedades anticancerígenas. Um estudo preliminar demonstrou que doses elevadas de oleuropeína a uma concentração de 200 _g/mL diminuíam a viabilidade celular e inibiam a proliferação celular em células de cancro da mama de adenocarcinoma da mama humano (MCF-7) [129] . Além disso, um estudo que utilizou a oleuropeína como o principal composto de extractos brutos derivados da folha de oliveira inibiu a proliferação celular de MCF-7, carcinoma da bexiga urinária humana e endotélio capilar cerebral bovino [137]. Por ordem de importância, um estudo in vivo [138] mostrou que a oleuropeína tem atividade anticancerígena e inibiu o crescimento das células MCF-7 e a sua invasão no pulmão. Este estudo prova que a oleuropeína abranda as metástases pulmonares peripulmonares e do parênquima in vivo[138].

Chimento e colegas [139] informam que as concentrações micromolares de oleupopeína e hidroxitirosol reduzem o crescimento das células SKBR3 através da ativação sustentada de ERK1/2, desencadeando uma via apoptótica intrínseca. O oleocanthal , composto fenólico do VOO, também demonstrou ter efeitos anti-proliferativos em linhas de cancro da mama, da próstata e dos ossos [140, 141]. Recentemente, LeGendre e colegas [142] descreveram que o oleocanthal provocou a morte de células necróticas primárias em células cancerígenas sem soro. Este facto foi associado a níveis importantes de ERK1/2 fosforilada na ausência de expressão de caspase-3 clivada. No soro, as células cancerosas tumorais apresentavam tanto apoptose como necrose secundária. Além disso, foi demonstrado que o oleocanthal inibe a proliferação e estimula a apoptose em células de carcinoma hepatocelular (HCC) in vitro [143]. Verificou-se que o grupo de ratinhos tratados com oleocanthal apresentava menos metástases pulmonares e mais pequenas do que o grupo de controlo [143]. O estudo concluiu que o oleocanthal inibe o crescimento do tumor CHC e as metástases através da inativação do STAT3 tanto in vitro como in vivo. O STAT3 é um fator de transcrição e está implicado na sobrevivência, proliferação, invasão e angiogénese do CHC, regulando a expressão de genes alvo. Consequentemente, o STAT3 pode ser um alvo promissor para a terapia do CHC [143]. Um estudo recente também demonstrou que o oleocanthal inibe as quinases reguladas por sinal extracelular 1/2 (ERK1/2) e a fosforilação de AKT, bem como regula negativamente a expressão de Bcl-2. AKT, ERK1/2 e são necessários, não só para a regulação mediada por c-Met da motilidade, adesão e invasão celular, mas também para o controlo da sobrevivência celular e da mitogénese [144] e, através disso, induzem a citotoxicidade contra células de melanoma humano [145].

Outro estudo recente mostrou que o oleocanthal inibe o alvo mamífero da rapamicina (mTOR) [146]. O mTOR é uma serina/treonina quinase e membro da família das quinases relacionadas com a PI3K. Tem um papel vital na integração de sinais da homeostase energética, do metabolismo, da resposta ao stress e do ciclo celular, e a sinalização PI3K/mTOR desregulada é frequentemente observada nos cancros [147]. Foi observado que o tratamento com oleocanthal (10_M) produziu uma acentuada regulação negativa do mTOR fosforilado (p-mTOR) numa linha celular de cancro da mama metastático (MDA-MB-231), propondo que a atividade anticancerígena do oleocanthal é potencialmente mediada pela inibição do mTOR [146].

II-14-Fenólicos O Azeite e a Aterosclerose

Quase no início, a investigação mostrou que os fenólicos VOO melhoram a disfunção endotelial e reduzem os parâmetros plasmáticos do stress oxidativo [64, 65], que desempenham um papel fundamental no desenvolvimento da aterosclerose. Em apoio aos efeitos vantajosos que os fenólicos do VOO exercem sobre os factores de risco da aterosclerose, Konstantinidou e colegas [148] descreveram que o VOO, incluindo 328 mg/kg em comparação com 55 mg/kg de fenólicos, regula negativamente os genes inflamatórios da proteína activadora da Rho-GTPase, do interferão gama e do recetor da interleucina, bem como o recetor adrenérgico beta 2 e a polimerase kappa; todos eles estão implicados na aterosclerose, Gonzalez e colegas, utilizando um modelo animal de coelho in vivo [149], referem que, na presença de gordura saturada e colesterol, o hidroxitirosol a 4 mg/kg reduziu o tamanho das lesões ateroscleróticas quando comparado com coelhos que receberam esta dieta sem hidroxitirosol [149] .

Além disso, um recente ensaio de controlo aleatório relatou que a ingestão de fenólicos do VOO diminuiu as concentrações de lipoproteínas de baixa densidade (LDL) e a aterogenicidade do LDL in vivo [150]. Esta investigação incidiu sobre a ingestão de 25 ml/dia de azeite cru com elevado teor de polifenóis (366 mg/kg) ou azeite com baixo teor de polifenóis (2,7 mg/kg) durante 3 semanas. Os fenólicos do VOO diminuíram as concentrações de LDL diretamente medidas como concentrações de apo B-100 e o número total de partículas de LDL. Além disso, deduziu-se que os fenólicos do VOO reduzem a aterogenicidade do LDL, o que se reflecte no menor número de pequenas partículas de LDL e no aumento da resistência do LDL à oxidação[150]. Estas investigações reforçam as provas anteriores de que os fenólicos VOO melhoram o estado oxidativo e reduzem os factores de risco cardiovascular [60, 64, 69].

II-15-Fenólicos O azeite e a obesidade

Foi revelado que os compostos fenólicos do VOO afectam a expressão de genes relacionados com a obesidade. Warnke e colegas experimentaram que o hidroxitirosol a uma concentração de 25 _M foi capaz de modificar genes relacionados com a maturação e diferenciação de adipócitos e de ter um efeito inibidor na formação de lípidos [151]. A hiperlipidemia é prejudicial para as artérias coronárias e o fator de risco mais importante para as doenças cardíacas. Além disso, Drira e colegas informaram que tanto o hidroxitirosol como a oleuropeína, em concentrações de 100 e 150 _M e 200 e 300 _M, respetivamente, inibem a diferenciação dos adipócitos através da regulação negativa dos genes relacionados com a adipogénese PPAR, factores de transcrição C/EBP_ e SREBP-lc e genes a jusante (GLUT4, CD36 e FASN), o que significa que os fenólicos VOO podem reduzir o tamanho das células adiposas e ser benéficos na redução do risco de obesidade [152] .

Num modelo animal experimental in vivo de obesidade induzida por dieta rica em gordura, hiperglicemia, hiperlipidemia e resistência à insulina, foi demonstrado que o hidroxitirosol diminuiu os depósitos de lípidos induzidos por dieta rica em gordura. O mecanismo de ação de defesa foi a inibição da via SREBP-1c/FAS nos tecidos do fígado e do músculo esquelético, um aumento das actividades das enzimas antioxidantes e a normalização da expressão das subunidades do complexo mitocondrial e do marcador de fissão mitocondrial Drp1[153]. Além disso, Scoditti e colegas [154] atestam que o hidroxitirosol, em concentrações nutricionalmente importantes, exerce acções significativas, incluindo a regulação negativa da adiponectina em adipócitos inflamados através da atenuação da supressão do PPAR mediada por JNK [154]. O composto hidroxitirosol foi eficaz em concentrações tão baixas como 1 _mol/L. Isto está no âmbito das concentrações plasmáticas de hidroxitirosol (0,01 a 10 _mol/L) que foram relatadas após o consumo dietético de VOO [59], implicando que as acções do hidroxitirosol são relevantes em concentrações fisiológicas.

Estas informações indicam que os fenólicos do VOO podem ter um papel protetor contra a acumulação excessiva de gordura associada ao stress oxidativo sistémico, bem como exercer efeitos benéficos contra o desenvolvimento da síndrome metabólica. No entanto, são necessários estudos clínicos para apoiar as provas obtidas em modelos in vitro e animais.

III-   Benefícios do azeite de oliva com esqualeno

O esqualeno, omnipresente na natureza, é um hidrocarboneto triterpeno e um intermediário importante na biossíntese do colesterol. Embora se encontre tanto em plantas como em animais, é encontrado em quantidades muito diferentes. [155]. Enquanto o azeite de oliva é composto de aproximadamente 0,7 por cento de esqualeno,[155] outros alimentos e óleos normalmente têm níveis de esqualeno na faixa de 0,002-0,03 por cento. Apenas se observa uma pequena diferença entre o nível de esqualeno nos azeites virgem extra e virgem refinado (o virgem extra tem níveis mais elevados).

Embora o esqualeno esteja geralmente distribuído por todo o corpo, a maior parte é transportada para a pele[147]. [147] O sebo tem níveis elevados (12%); enquanto o tecido adiposo tem níveis muito mais baixos (0,001-0,04%)[155]. Devido à estrutura do esqualeno, é mais provável que elimine as espécies de oxigénio simples do que os radicais hidroxilo[147]. A exposição a níveis excessivos de radiação ultravioleta produz a formação de espécies cancerígenas de oxigénio simples na pele, onde uma concentração elevada de esqualeno pode proporcionar um efeito quimioprotector. [155]. Como o esqualeno foi encontrado em quantidades elevadas na dieta mediterrânica, acredita-se que seja responsável pela menor incidência de cancro da pele observada em estudos epidemiológicos de populações que consomem esta dieta. Estudos in *vivo* em animais mostraram que o esqualeno tópico tem uma ação inibidora nos carcinomas cutâneos induzidos quimicamente [155]. Quando o esqualeno foi adicionado à dieta de ratos, resultou num aumento de 80 por cento nos níveis séricos de esqualeno e na inibição da enzima hepática HMG-CoA redutase. [155].

A inibição desta enzima pode ser devida ao esqualeno ou aos seus metabolitos. A HMG-CoA redutase, que é a enzima limitadora da taxa de biossíntese do colesterol, resulta numa produção reduzida de colesterol e dos intermediários formados durante a sua biossíntese. Estes intermediários são normalmente necessários para ativar os oncogenes. [155].

Um intermediário significativo é o composto farnesil pirofosfato (FPP), que está envolvido na prenilação de várias oncoproteínas. Uma vez que outras substâncias dietéticas que causam uma redução nos níveis de FPP causam uma redução no crescimento do tumor, supõe-se que o esqualeno funcione da mesma maneira.[155].

Após uma administração importante de esqualeno, a taxa de síntese de colesterol aumentou 9 24 horas após a administração [156]. Estes dados óbvios podem ser o resultado da dose única aguda de esqualeno utilizada neste estudo. Embora a administração crónica a longo prazo resulte numa redução da atividade da HMG CoA - reductase e num aumento da eliminação fecal do colesterol [156].

Investigações a longo prazo sobre o efeito da ingestão crónica de esqualeno nos níveis de colesterol sérico relataram níveis aumentados, diminuídos ou inalterados. Estas diferenças experimentais podem dever-se à dose de esqualeno. Investigações de curto prazo mostraram que o aumento do esqualeno na dieta, embora aumente os níveis séricos de esqualeno, não causa um aumento do colesterol sérico ou da aterosclerose[157].

IV-   Benefícios do azeite de oliva com tocoferóis

O alfa-tocoferol é o tipo de vitamina E que se encontra no azeite em níveis que variam de 1,2 a 43 mg / 100 g[158-160] . Uma colher de sopa de azeite inclui 1,9 miligramas de vitamina E, o que corresponde a 10% do valor diário deste nutriente com base numa dieta de 2000 calorias. Evidentemente, a quantidade destas moléculas presentes no azeite é função de vários factores. Embora as provas científicas sobre este ponto sejam relativamente escassas, parece que a variedade e a maturidade da azeitona, bem como as condições e (0 e 0) estão presentes apenas em quantidades vestigiais [158-160].

Considera-se que as lesões provocadas pelo stress oxidativo desempenham um papel crucial no desenvolvimento de várias doenças, como a doença arterial coronária e o cancro, e os argumentos que sugerem que os antioxidantes protegem contra estas lesões e contra a oxidação das lipoproteínas de baixa densidade têm vindo a ganhar força nos últimos anos. Desde os anos 80, foram efectuados numerosos estudos epidemiológicos para avaliar a relação entre o consumo de vitamina E e as doenças cardiovasculares. Estes estudos consistiram na toma de suplementos de vitamina E em doses elevadas e não numa dieta rica em vitamina E. Foi estabelecido que a toma de suplementos de vitamina E em doses elevadas (> 67 mg de a-tocoferol/dia) durante pelo menos dois anos reduzia significativamente o risco de doença coronária.

doença coronária (31% a 65%) [161]. Pelo contrário, os suplementos de curta duração ou de baixa dosagem (<67 mg / d) não tiveram qualquer efeito na doença arterial coronária [162]. Contrariamente a estes resultados de estudos observacionais, os ensaios de intervenção concluídos ainda não produziram resultados inquestionáveis. No Cambridge Heart Antioxidant Study (Cambridge Heart Antioxidant Study [CHAOS]), a administração de 268 ou 536 mg de -tocoferol por dia resultou numa diminuição substancial da incidência de enfarte do miocárdio não fatal, mas sem reduzir o número de mortes por doença coronária ou a mortalidade global [163].

Um outro estudo concluiu e demonstrou que o tratamento com a-tocoferol numa dose de 268 mg por dia durante 4,5 anos, parece não ter tido qualquer efeito no futuro cardiovascular de doentes de alto risco [164] .

Em geral, os estudos efectuados até agora não fornecem quaisquer provas convincentes para recomendar a suplementação com vitamina E como medida de saúde pública. Existem, no entanto, muitos dados relativos aos efeitos benéficos da vitamina E nos processos metabólicos envolvidos em várias doenças. Boscoboinik e o seu grupo demonstraram que o a-tocoferol, em concentrações fisiológicas, inibe a proliferação do músculo liso vascular, um processo bem conhecido e importante na formação da chamada lesão aterosclerótica intermédia [165].

Após a toma de um suplemento na dose de 800 mg/dia durante 8 semanas em indivíduos saudáveis, um outro grupo observou uma diminuição da libertação de oxigénio reativo, da peroxidação lipídica, da secreção de interleucina-1p e da adesão dos monócitos às células endoteliais [166].

Além disso, a inibição da agregação plaquetária após a toma de vitamina E foi observada em doses de 268 a 804 mg de a-tocoferol/dia [167]. Estas propriedades não estão relacionadas com as propriedades antioxidantes da vitamina E, uma vez que não ocorrem com outros antioxidantes lipossolúveis. Em contrapartida, parece que o a-tocoferol exerce efeitos diretos sobre a expressão de genes como os das moléculas adesivas [168]. Por outro lado, na atividade de enzimas como a 5-lipoxigenase [169] ou a proteína quinase C [167], estes resultados indicam que a vitamina E pode ter efeitos benéficos nas doenças cardiovasculares através de uma variedade de mecanismos. Por outro lado, como estes estudos foram realizados com suplementos de vitamina E em doses elevadas, resta saber se estes efeitos se podem manifestar com a toma de vitamina E em doses naturalmente presentes em alimentos como o azeite. Embora os ensaios de intervenção acima mencionados não tenham demonstrado efeitos protectores convincentes da vitamina E, mesmo no caso da suplementação com doses elevadas, isto pode dever-se, em particular, ao facto de a aterogénese ser um processo e de a modificação oxidativa das lipoproteínas ser considerada como um dos fenómenos iniciais da formação de lesões ateroscleróticas. O verdadeiro valor da vitamina E na alimentação pode, portanto, não ser aparente até que sejam efectuados estudos de prevenção primária a longo prazo [170]. Esta categoria de estudos de prevenção primária já foi efectuada em modelos animais de aterosclerose. Pratico e a sua equipa conseguiram, portanto, mostrar que o stress oxidativo desempenha um papel funcional importante no desenvolvimento da aterosclerose num modelo animal e que a administração oral de vitamina E permite bloquear este stress oxidativo e a formação de lesões ateroscleróticas da aorta [171]. Além disso, um estudo publicado por Terasawa et al. mostrou que uma deficiência artificial de vitamina E aumenta a gravidade da aterosclerose no mesmo modelo em ratos [172]. Por outro lado, estudos em humanos mostraram que níveis baixos de vitamina E no soro ou no plasma estão associados a um risco acrescido de cancro do pulmão, do colo do útero e da próstata. [173]. Até à data, os ensaios de contrubição em seres humanos também mostraram resultados iniciais promissores. Heinonen e a sua equipa [174] estabeleceram que a toma de suplementos a longo prazo (5-8 anos) com a-tocoferol numa dose de 50 mg por dia reduziu a incidência de cancro da próstata (- 32%) e a mortalidade devida a este cancro (-41%). Numa investigação sobre os efeitos da vitamina E nas lesões pré-cancerosas do trato aero-digestivo superior, foram observadas respostas clínicas e histológicas favoráveis com doses elevadas de a-tocoferol (268 mg / dia) [175]. Na China, particularmente na zona rural de Linxian, conhecida pela sua elevada frequência de cancros, a suplementação combinando - tocoferol (30 mg / dia), selénio (50 ug / dia) e -caroteno (15 mg / dia) diminuiu a mortalidade em 9%. Esta diminuição deveu-se principalmente à baixa incidência de cancros, especialmente o do estômago. Os muitos estudos que examinaram os efeitos da vitamina E na saúde até à data mostram que este micronutriente é suscetível de ter efeitos benéficos. Alguns destes efeitos podem ocorrer apenas com a toma de suplementos em doses elevadas. No entanto, a vitamina E, nas quantidades em que está presente no azeite, é provavelmente benéfica para a saúde. Além disso, é muito provável que, devido a efeitos sinérgicos, a combinação da vitamina E e de outros componentes menores presentes no azeite virgem extra tenha mais efeitos benéficos do que a soma dos efeitos dos componentes individuais tomados isoladamente.

V- Conclusões

Os efeitos benéficos dos compostos menores do VOO na saúde têm sido amplamente investigados, e novos estudos apoiam provas anteriores de que estes componentes exercem efeitos benéficos na saúde humana.

Em especial, os compostos fenólicos do azeite têm sido objeto de grande interesse nos últimos anos. Vários estudos, tanto *in vivo* como *in vitro*, demonstram que os compostos fenólicos do azeite alteram de forma benéfica a inflamação e têm efeitos benéficos nos marcadores de cancro, na aterosclerose e também nos genes relacionados com a obesidade e a síndrome metabólica.

O modo de ação através do qual os compostos fenólicos do azeite influenciam beneficamente os parâmetros de saúde detalhados neste livro pode explicar a menor incidência de doenças inflamatórias crónicas entre as populações residentes na região mediterrânica, que consomem grandes volumes de VOO nas suas dietas diárias. A capacidade antioxidante do azeite contribui para muitos dos seus benefícios para a saúde. A oleuropeína e o seu produto de hidrólise, o hidroxitirosol, são os antioxidantes mais potentes. A aptidão antioxidante do azeite *in vitro* tem sido altamente documentada e associada a benefícios como a quimioprotecção, a ação anti-inflamatória e a prevenção da formação de placas ateroscleróticas. É necessário ter atenção quando se extrapolam dados *in vitro* para modelos *in vivo*, pois não se pode assumir que os efeitos observados quando as células são expostas diretamente a extractos de azeite se verifiquem quando o azeite é consumido na alimentação. Existem, no entanto, provas de que os compostos activos do azeite são capazes de se distribuir pelo organismo. Foi avaliado que 55-66% dos fenóis do azeite são absorvidos após a ingestão, a maioria no intestino delgado. Pensa-se que os fenóis actuam nos vasos sanguíneos para evitar a oxidação do LDL e nos tecidos para proteger contra danos no ADN. Além disso, foi demonstrado que os fenóis do azeite retêm a atividade antioxidante *in vivo* quando administrados por via oral.3 A absorção de esqualeno também foi demonstrada pelo aumento dos níveis sanguíneos de esqualeno após uma dose prolongada.

A confirmação apresentada neste livro conclui que a oleuropeína, o hidroxitirosol e o oleocanthal possuem actividades farmacológicas potentes in vitro e in vivo. Esta coleção crescente de provas beneficiaria ainda mais de estudos de intervenção humana com concentrações biologicamente relevantes destes compostos fenólicos.

REFERÊNCIAS

1.	Hassan Gilani, A., et al., *O efeito de redução da pressão arterial da azeitona é mediado pelo bloqueio dos canais de cálcio.* Jornal Internacional de Ciências Alimentares e Nutrição, 2005. **56**(8): p. 613620.
2.	Kratzb, M. e P. Cullenc, *Mediterranean diet, olive oil and health (Dieta mediterrânica, azeite e saúde).* Eur J Lipid Sci Technol,
	2002. **104**: p. 698-705.
3.	Visioli, F., A. Poli, e C. Gall, *Antioxidant and other biological activities of phenols from olives and olive oil.* Medicinal research reviews, 2002. **22**(1): p. 65-75.
4.	Yaqoobb, P., *Nutritional and health aspects of olive oil (Aspectos nutricionais e de saúde do azeite).* Eur. J. Lipid Sci. Technol, 2002. **104**: p. 685-697.
5.	Keys, A., et al., *The diet and 15-year death rate in the seven countries study.* American journal of epidemiology, 1986. **124**(6): p. 903-915.
6.	Owen, R., et al., *Olives and olive oil in cancer prevention (Azeitonas e azeite na prevenção do cancro).* Jornal Europeu de Prevenção do Cancro, 2004. **13**(4): p. 319-326.
7.	Owen, R.W., et al., *Olive-oil consumption and health: the possible role of antioxidants.* The lancet oncology, 2000. **1**(2): p. 107-112.
8.	Visioli, F., et al., *Actividades biológicas e destino metabólico dos fenóis do azeite.* European Journal of Lipid Science and Technology, 2002. **104**(9-10): p. 677-684.
9.	Newmark, H.L., *Squalene, olive oil, and cancer risk: a review and hypothesis.* Cancer Epidemiology and Prevention Biomarkers, 1997. **6**(12): p. 1101-1103.
10.	Owen, R., et al., *Phenolic compounds and squalene in olive oils: the concentration and antioxidant potential of total phenols, simple phenols, secoiridoids, lignansand squalene.* Food and Chemical Toxicology, 2000. **38**(8): p. 647-659.
11.	Menendez, J., et al., *O ácido oleico, o principal ácido gordo monoinsaturado do azeite, suprime a expressão de her-2/neu (erb b-2) e aumenta sinergicamente os efeitos inibidores do crescimento do trastuzumab (herceptin™) em células de cancro da mama com amplificação do oncogene her-2/neu.* Anais de oncologia, 2005. **16**(3): p. 359-371.
12.	Visioli, F., et al., *The role of antioxidants in the Mediterranean diets: focus on cancer.* Jornal Europeu de Prevenção do Cancro, 2004. **13**(4): p. 337-343.
13.	Llor, X., et al., *The effects ofish oil, olive oil, oleic acid and linoleic acid on colorectal neoplastic processes.* Clinical nutrition, 2003. **22**(1): p. 71-79.
14.	Menendez, J.A., et al., *A genomic explanation connecting "Mediterranean diet", olive oil and cancer: oleic acid, the main monounsaturated fatty acid of olive oil, induces formation of inhibitory "PEA3 transcription fator-PEA3 DNA binding site" complexes at the Her-2/neu (erbB-2) oncogene promoter in breast, ovarian and stomach cancer cells.* Jornal Europeu do Cancro, 2006. **42**(15): p. 2425-2432.
15.	Tripoli, E., et al., *The phenolic compounds of olive oil: structure, biological activity and beneficial effects on human health.* Nutrition research reviews, 2005. **18**(1): p. 98-112.
16.	Harper, C.R., M.C. Edwards, and T.A. Jacobson, *Flaxseed oil supplementation does not affect plasma lipoprotein concentration or particle size in human subjects.* The Journal of nutrition,
	2006. **136**(11): p. 2844-2848.
17.	Aguilera, C.M., et al., *Sunflower oil does not protect against LDL oxidation as virgin olive oil does in patients with peripheral vascular disease.* Clinical nutrition, 2004. **23**(4): p. 673-681.
18.	Cicerale, S., et al., *Chemistry and health of olive oil phenolics.* Revisões críticas em ciência alimentar e nutrição, 2008. **49**(3): p. 218-236.
19.	Bruni, U., N. Cortesi, e P. Fiorino, *Influence of agricultural techniques, cultivar and area of origin on characteristics of virgin olive oil and on levels of some of its minor components.* Olivae, 1994. **53**: p. 28-41.
20.	Esti, M., L. Cinquanta, e E. La Notte, *Compostos fenólicos em diferentes variedades de azeitona.* Journal of Agricultural and Food Chemistry, 1998. **46**(1): p. 32-35.
21.	Gomez-Alonso, S., M.D. Salvador, and G. Fregapane, *Phenolic compounds profile of Cornicabra virgin olive oil.* Journal of agricultural and food chemistry, 2002. **50**(23): p. 68126817.
22.	Vinha, A.F., et al., *Perfis fenólicos de frutos de oliveira portuguesa (Olea europaea L.): Influências da cultivar e da origem geográfica.* Química alimentar, 2005. **89**(4): p. 561-568.
23.	Cerretani, L., et al., *Analytical comparison of monovarietal virgin olive oils obtained by both a continuous industrial plant and a low-scale mill.* European Journal of Lipid Science and Technology, 2005. **107**(2): p.

93-100.

24. Sivakumar, G., C.B. Bati, e N. Uccella, *HPLC-MS screening of the antioxidant profile of Italian olive cultivars.* Química dos compostos naturais, 2005. **41**(5): p. 588-591.

25. Franconi, F., et al., *Antioxidant effect of two virgin olive oils depends on the concentration and composition of minor polar compounds.* Journal of agricultural and food chemistry, 2006. **54**(8): p. 3121-3125.

26. Carrasco Pancorbo, A., et al., *Sensitive determination of phenolic acids in extra-virgin olive oil by capillary zone electrophoresis.* Journal of agricultural and food chemistry, 2004. **52**(22): p. 6687-6693.

27. Gomez Caravaca, A.M., et al., *Identificação electroforética e quantificação de compostos na fração polifenólica do azeite virgem extra.* Electrophoresis, 2005. **26**(18): p. 3538-3551.

28. Romero, M.P., et al., *Changes in the HPLC phenolic profile of virgin olive oil from young trees (Olea europaea L. Cv. Arbequina) grown under different deficit irrigation strategies.* Journal of agricultural and food chemistry, 2002. **50**(19): p. 5349-5354.

29. Gomez-Rico, A., et al., *Phenolic and volatile compounds of extra virgin olive oil (Olea europaea L. Cv. Cornicabra) with regard to fruit ripening and irrigation management.* Journal of Agricultural and Food Chemistry, 2006. **54**(19): p. 7130-7136.

30. Gimeno, E., et al., *The effects of harvest and extraction methods on the antioxidant content (phenolics, a-tocopherol, and 6-carotene) in virgin olive oil.* Food Chemistry, 2002. **78**(2): p. 207-211.

31. Brenes, M., et al., *Phenolic compounds in Spanish olive oils.* Journal of Agricultural and Food Chemistry, 1999. **47**(9): p. 3535-3540.

32. Kalua, C.M., et al., *Discriminação de azeites e frutos em cultivares e estádios de maturação com base em compostos fenólicos e voláteis.* Journal of Agricultural and Food Chemistry, 2005. **53**(20): p. 8054-8062.

33. Tovar, M.J., M.J. Motilva, and M.P. Romero, *Changes in the phenolic composition of virgin olive oil from young trees (Olea europaea L. cv. Arbequina) grown under linear irrigation strategies.* Journal of Agricultural and Food Chemistry, 2001. **49**(11): p. 5502-5508.

34. Kalua, C.M., et al., *Changes in Volatile and Phenolic Compounds with Malaxation Time and Temperature during Virgin Olive Oil Production (Alterações nos compostos voláteis e fenólicos com o tempo e a temperatura de malaxação durante a produção de azeite virgem).* Journal of Agricultural and Food Chemistry, 2006. **54**(20): p. 7641-7651.

35. Fregapane, G., et al., *Effect of filtration on virgin olive oil stability during storage (Efeito da filtração na estabilidade do azeite virgem durante o armazenamento).* European Journal of Lipid Science and Technology, 2006. **108**(2): p. 134-142.

36. Brenes, M., et al., *Acid Hydrolysis of Secoiridoid Aglycons during Storage of Virgin Olive Oil.* Journal of Agricultural and Food Chemistry, 2001. **49**(11): p. 5609-5614.

37. Gutierrez, F. e J.L. Fernandez, *Parâmetros e componentes determinantes no armazenamento do azeite virgem. Previsão do tempo de armazenamento a partir do qual o azeite deixa de ter qualidade "extra".* Journal of Agricultural and Food Chemistry, 2002. **50**(3): p. 571-577.

38. Okogeri, O. e M. Tasioula-Margari, *Changes Occurring in Phenolic Compounds and a- Tocopherol of Virgin Olive Oil during Storage.* Journal of Agricultural and Food Chemistry, 2002. **50**(5): p. 1077-1080.

39. Rastrelli, L., et al., *Rate of Degradation of a-Tocopherol, Squalene, Phenolics, and Polyunsaturated Fatty Acids in Olive Oil during Different Storage Conditions.* Journal of Agricultural and Food Chemistry, 2002. **50**(20): p. 5566-5570.

40. Brenes, M., et al., *Influence of Thermal Treatments Simulating Cooking Processes on the Polyphenol Content in Virgin Olive Oil.* Journal of Agricultural and Food Chemistry, 2002. **50**(21): p. 5962-5967.

41. Gomez-Alonso, S., et al., *Changes in Phenolic Composition and Antioxidant Activity of Virgin Olive Oil during Frying.* Journal of Agricultural and Food Chemistry, 2003. **51**(3): p. 667-672.

42. Cicerale, S., et al., *Influence of Heat on Biological Activity and Concentration of Oleocanthal- a Natural Anti-inflammatory Agent in Virgin Olive Oil.* Jornal de Química Agrícola e Alimentar, 2009. **57**(4): p. 1326-1330.

43. Carrasco-Pancorbo, A., et al., *Analytical determination of polyphenols in olive oils.* Journal of Separation Science, 2005. **28**(9-10): p. 837-858.

44. Perona, J.S., R. Cabello-Moruno, e V. Ruiz-Gutierrez, *O papel dos componentes do azeite virgem na modulação da função endotelial.* The Journal of Nutritional Biochemistry, 2006. **17**(7): p. 429-445.

45. Romero, C., et al., *In vitro activity of olive oil polyphenols against Helicobacter pylori.* Jornal de química agrícola e alimentar, 2007. **55**(3): p. 680-686.

46. Martininez-Dominguez, E., R. de la Puerta, and V. Ruiz-Gutierrez, *Protective effects upon experimental*

inflammation models of a polyphenol-supplemented virgin olive oil diet. Inflammation Research, 2001. **50**(2): p. 102-106.

47. Fabiani, R., et al., *Cancer chemoprevention by hydroxytyrosol isolated from virgin olive oil through G1 cell cycle arrest and apoptosis*. Jornal Europeu de Prevenção do Cancro, 2002. **11**(4): p. 351-358.

48. Beauchamp, G.K., et al., *Ibuprofen-like activity in extra-virgin olive oil*. Nature, 2005. **437**: p. 45.

49. Martini, F.H., J.L. Nath, e E.F. Bartholomew, *Fundamentals of Anatomy and Physiology. 2001*. Pentice Hall: New Jersey, 2015: p. 538-557.

50. Visioli, F., et al., *Olive oil phenolics are dose-dependently absorbed in humans*. FEBS letters, 2000. **468**(2-3): p. 159-160.

51. Caruso, D., et al., *Urin ary excretion of olive oil phenols and their metabolites in humans*. Metabolism-Clinical and Experimental, 2001. **50**(12): p. 1426-1428.

52. Tuck, K.L., et al., *The in vivo fate of hydroxytyrosol and tyrosol, antioxidant phenolic constituents of olive oil, after intravenous and oral dosing of labeled compounds to rats*. The Journal of nutrition, 2001. **131**(7): p. 1993-1996.

53. Vissers, M.N., et al., *Olive oil phenols are absorbed in humans*. The Journal of nutrition, 2002. **132**(3): p. 409-417.

54. Edgecombe, S.C., G.L. Stretch, and P.J. Hayball, *Oleuropein, an antioxidant polyphenol from olive oil, is poorly absorbed from isolated perfused rat intestine*. The Journal of nutrition, 2000. **130**(12): p. 2996-3002.

55. Manna, C., et al., *Mecanismo de transporte e metabolismo do hidroxitirosol do azeite em células Caco-2*. FEBS letters, 2000. **470**(3): p. 341-344.

56. Casas, E.M., et al., *Biodisponibilidade do tirosol em humanos após ingestão de azeite virgem*. Química clínica, 2001. **47**(2): p. 341-343.

57. Visioli, F., et al., *Hydroxytyrosol, como componente das águas residuais dos lagares de azeite, é absorvido de forma dependente da dose e aumenta a capacidade antioxidante do plasma de ratos*. Free Radical Research, 2001. **34**(3): p. 301-305.

58. Fito, M., et al., *Anti-inflammatory effect of virgin olive oil in stable coronary disease patients: a randomized, crossover, controlled trial*. Revista Europeia de Nutrição Clínica, 2008. **62**(4): p. 570.

59. Ruano, J., et al., *Intake of phenol-rich virgin olive oil improves the postprandial prothrombotic profile in hypercholesterolemic patients-*. O jornal americano de nutrição clínica, 2007. **86**(2): p. 341-346.

60. Gimeno, E., et al., *Alterações no conteúdo fenólico da lipoproteína de baixa densidade após o consumo de azeite em homens. A randomized crossover controlled trial*. British Journal of Nutrition, 2007. **98**(6): p. 1243-1250.

61. Bogani, P., et al., *Postprandial anti-inflammatory and antioxidant effects of extra virgin olive oil*. Atherosclerosis, 2007. **190**(1): p. 181-186.

62. Salvini, S., et al., *O consumo diário de um azeite virgem extra com elevado teor de fenóis reduz os danos oxidativos no ADN em mulheres pós-menopáusicas*. British Journal of Nutrition, 2006. **95**(4): p. 742-751.

63. Covas, M.-I., et al., *The effect of polyphenols in olive oil on heart disease risk factors: a randomized trial*. Annals of internal medicine, 2006. **145**(5): p. 333-341.

64. Covas, M.-I., et al., *Postprandial LDL phenolic content and LDL oxidation are modulated by olive oil phenolic compounds in humans*. Free Radical Biology and Medicine, 2006. **40**(4): p. 608-616.

65. Ruano, J., et al., *Phenolic content of virgin olive oil improves ischemic reactive hyperemia in hypercholesterolemicpatients*. Journal of the American College of Cardiology, 2005. **46**(10): p. 1864-1868.

66. Visioli, F., et al., *Virgin Olive Oil Study (VOLOS): potencial vasoprotector do azeite virgem extra em doentes com dislipidemia ligeira*. Jornal Europeu de Nutrição, 2005. **44**(2): p. 121-127.

67. Fito, M., et al., *Antioxidant effect of virgin olive oil in patients with stable coronary heart disease: a randomized, crossover, controlled, clinical trial*. Atherosclerosis, 2005. **181**(1): p. 149-158.

68. Marrugat, J., et al., *Effects of different phenolic content in dietary olive oils on lipids and LDL oxidation*. Revista Europeia de Nutrição, 2004. **43**(3): p. 140-147.

69. Weinbrenner, T., et al., *Olive oils high in phenolic compounds modulate oxidative/antioxidative status in men*. The Journal of nutrition, 2004. **134**(9): p. 2314-2321.

70. Moschandreas, J., et al., *Extra virgin olive oil phenols and markers of oxidation in Greek smokers: a randomized cross-over study*. Revista Europeia de Nutrição Clínica, 2002. **56**(10): p. 1024.

71. Vissers, M.N., et al., *Effect of consumption of phenols from olives and extra virgin olive oil on LDL oxidizability in healthy humans*. Free radical research, 2001. **35**(5): p. 619-629.

72. Visioli, F., et al., *Olive oils rich in natural catecholic phenols decrease isoprostane excretion in humans*.

Biochemical and biophysical research communications, 2000. **278**(3): p. 797-799.

73. Bonanome, A., et al., *Evidence of postprandial absorption of olive oil phenols in humans.* Nutrition, metabolism, and cardiovascular diseases: NMCD, 2000. **10**(3): p. 111-120.

74. Ramirez-Tortosa, M.C., et al., *Extra-virgin olive oil increases the resistance of LDL to oxidation more than refined olive oil in free-living men with peripheral vascular disease.* The Journal of nutrition, 1999. **129**(12): p. 2177-2183.

75. Gordon, T., et al., *Lipoproteins, cardiovascular disease, and death: the Framingham Study.* Archives of internal medicine, 1981. **141**(9): p. 1128-1131.

76. Chrysohoou, C., et al., *The emerging anti-inflammatory role of HDL-cholesterol, illustrated in cardiovascular disease free population; the ATTICA study.* Jornal Internacional de Cardiologia, 2007. **122**(1): p. 29-33.

77. Gimeno, E., et al., *Effect of ingestion of virgin olive oil on human low-density lipoprotein composition.* Revista Europeia de Nutrição Clínica, 2002. **56**(2): p. 114.

78. Gorinstein, S., et al., *Os azeites de oliva melhoram o metabolismo lipídico e aumentam o potencial antioxidante em ratos alimentados com dietas que contêm colesterol.* Journal of agricultural and food chemistry, 2002. **50**(21): p. 6102-6108.

79. Mangas-Cruz, M., et al., *Effects of minor constituents (non-glyceride compounds) of virgin olive oil on plasma lipid concentrations in male Wistar rats.* Clinical Nutrition, 2001. **20**(3): p. 211-215.

80. Witztum, J.L., *The oxidation hypothesis of atherosclerosis (A hipótese da oxidação da aterosclerose).* The Lancet, 1994. **344**(8925): p. 793-795.

81. Coni, E., et al., *Protective effect of oleuropein, an olive oil biophenol, on low density lipoprotein oxidizability in rabbits.* Lipids, 2000. **35**(1): p. 45-54.

82. Patrick, L. e M. Uzick, *Cardiovascular disease: C-reactive protein and the inflammatory disease paradigm: HMG-CoA reductase inhibitors, alpha-tocopherol, red yeast rice, and olive oil polyphenols. Uma revisão da literatura.* Revista de Medicina Alternativa, 2001. **6**(3): p. 248248.

83. Nicolaiew, N., et al., *Comparação entre o azeite virgem extra e o óleo de girassol rico em ácido oleico: efeitos sobre a lipemia pós-prandial e a suscetibilidade do LDL à oxidação.* Annals of Nutrition and Metabolism, 1998. **42**(5): p. 251-260.

84. Ramirez-Tortosa, C., et al., *Olive oil and fish oil-enriched diets modify plasma lipids and susceptibility of LDL to oxidative modification in free-living male patients with peripheral vascular disease: the Spanish Nutrition Study.* British Journal of Nutrition, 1999. **82**(1): p. 3139.

85. Ochoa, J.J., et al., *Os óleos dietéticos ricos em ácido oleico, mas com diferentes teores de fracções insaponificáveis, têm efeitos diferentes na composição de ácidos gordos e na peroxidação das LDL de coelho.* Nutrition, 2002. **18**(1): p. 60-65.

86. de la Torre-Carbot, K., et al., *Presence of virgin olive oil phenolic metabolites in human low density lipoprotein fraction: determination by high-performance liquid chromatographyelectrospray ionization tandem mass spectrometry.* Analytica chimica ata, 2007. **583**(2): p. 402-410.

87. Berrougui, H., et al., *Phenolic-extract from argan oil (Argania spinosa L.) inhibits human low- density lipoprotein (LDL) oxidation and enhances cholesterol efflux from human THP-1 macrophages.* Atherosclerosis, 2006. **184**(2): p. 389-396.

88. Masella, R., et al., *Extra virgin olive oil biophenols inhibit cell-mediated oxidation of LDL by increasing the mRNA transcription of glutathione-related enzymes.* The Journal of Nutrition, 2004. **134**(4): p. 785-791.

89. Cooke, M.S., et al., *Oxidative DNA damage: mechanisms, mutation, and disease.* The FASEB Journal, 2003. **17**(10): p. 1195-1214.

90. Machowetz, A., et al., *Effect of olive oils on biomarkers of oxidative DNA stress in Northern and Southern Europeans.* The FASEB Journal, 2007. **21**(1): p. 45-52.

91. Jacomelli, M., et al., *Dietary extra-virgin olive oil rich in phenolic antioxidants and the aging process: long-term effects in the rat.* The Journal of nutritional biochemistry, 2010. **21**(4): p. 290-296.

92. Quiles, J.L., et al., *Olive oil phenolics: effects on DNA oxidation and redox enzyme mRNA in prostate cells.* British Journal of Nutrition, 2002. **88**(3): p. 225-234.

93. Fabiani, R., et al., *Oxidative DNA damage is prevented by extracts of olive oil, hydroxytyrosol, and other olive phenolic compounds in human blood mononuclear cells and HL60 cells.* The Journal of Nutrition, 2008. **138**(8): p. 1411-1416.

94. Reinisch, N., et al., *Association of high plasma antioxidant capacity with new lesion formation in carotid*

atherosclerosis: a prospective study. Revista Europeia de Investigação Clínica, 1998. **28**: p. 787-792.
95.   Goya, L., R. Mateos, e L. Bravo, *Effect of the olive oil phenol hydroxytyrosol on human hepatoma HepG2 cells.* Jornal Europeu de Nutrição, 2007. **46**(2): p. 70-78.
96.   de la Puerta, R.o., et al., *Effects of virgin olive oil phenolics on scavenging of reactive nitrogen species and upon nitrergic neurotransmission.* Ciências da Vida, 2001. **69**(10): p. 1213-1222.
97.   Owen, R., et al., *The antioxidant/anticancer potential of phenolic compounds isolated from olive oil.* European Journal of Cancer, 2000. **36**(10): p. 1235-1247.
98.   Paiva-Martins, F., et al., *Effects of olive oil polyphenols on erythrocyte oxidative damage.* Molecular nutrition & food research, 2009. **53**(5): p. 609-616.
99.   Moreno, J.J., *Effect of olive oil minor components on oxidative stress and arachidonic acid mobilization and metabolism by macrophages RAW264.7.* Free Radical Biology and Medicine, 2003. **35**(9): p. 1073-1081.
100.   Ruano, J., et al., *Phenolic Content of Virgin Olive Oil Improves Ischemic Reactive Hyperemia in Hypercholesterolemia Patients.* Journal of the American College of Cardiology, 2005. **46**(10): p. 1864-1868.
101.   Biswas, S.K., et al., *Depressed glutathione synthesis precede o stress oxidativo e a aterogénese em ratinhos Apo-E-/-.* Biochemical and biophysical research communications, 2005. **338**(3): p. 1368-1373.
102.   Visioli, F., et al., *Virgin Olive Oil Study (VOLOS): potencial vasoprotector do azeite virgem extra em doentes com dislipidemia ligeira.* Jornal Europeu de Nutrição, 2005. **44**(2): p. 121-127.
103.   Visioli, F., et al., *Olive phenol hydroxytyrosol prevents passive smoking-induced oxidative stress.* Circulation, 2000. **102**(18): p. 2169-2171.
104.   Visioli, F., et al., *Olive Phenolics Increase Glutathione Levels in Healthy Volunteers (Fenólicos da azeitona aumentam os níveis de glutatião em voluntários saudáveis).* Journal of Agricultural and Food Chemistry, 2009. **57**(5): p. 1793-1796.
105.   Paiva-Martins, F., et al., *Effects of olive oil polyphenols on erythrocyte oxidative damage.* Molecular Nutrition & Food Research, 2009. **53**(5): p. 609-616.
106.   Loru, D., et al., *Efeito protetor do hidroxitirosol e do tirosol contra o stress oxidativo nas células renais.* Toxicologia e Saúde Industrial, 2009. **25**(4-5): p. 301-310.
107.   Packard, R.R.S. e P. Libby, *Inflammation in Atherosclerosis: From Vascular Biology to Biomarker Discovery and Risk Prediction (Da Biologia Vascular à Descoberta de Biomarcadores e Previsão de Riscos).* Clinical Chemistry, 2008. **54**(1): p. 24-38.
108.   Tiziani, A.P., *Guia de enfermagem de Havard sobre medicamentos.* 2010: Elsevier Ciências da Saúde.
109.   Leger, C., et al., *Um efeito tromboxano de um extrato de águas residuais de azeite rico em hidroxitirosol em pacientes com diabetes de tipo I sem complicações.* Revista Europeia de Nutrição Clínica, 2005. **59**(5): p. 727.
110.   Beauchamp, G.K., et al., *Phytochemistry: ibuprofen-like activity in extra-virgin olive oil.* Nature, 2005. **437**(7055): p. 45.
111.   Gropper, S.S. e J.L. Smith, *Nutrição avançada e metabolismo humano.* 2012: Cengage Learning.
112.   Brody, T., *Nutritional biochemistry.* 1998: Imprensa académica.
113.   De La Cruz, J.P., et al., *Antithrombotic Potential of Olive Oil Administration in Rabbits with Elevated Cholesterol.* Thrombosis Research, 2000. **100**(4): p. 305-315.
114.   De La Cruz, J.P., et al., *Antithrombotic potential of olive oil administration in rabbits with elevated cholesterol.* Thrombosis research, 2000. **100**(4): p. 305-315.
115.   Carluccio, M.A., et al., *Olive oil and red wine antioxidant polyphenols inhibit endothelial activation: antiatherogenic properties of Mediterranean diet phytochemicals.* Arteriosclerose, trombose e biologia vascular, 2003. **23**(4): p. 622-629.
116.   Togna, G.I., et al., *Olive oil isochromans inhibit human platelet reactivity.* The Journal of nutrition, 2003. **133**(8): p. 2532-2536.
117.   Petroni, A., et al., *Inhibition of platelet aggregation and eicosanoid production by phenolic components of olive oil.* Thrombosis research, 1995. **78**(2): p. 151-160.
118.   Dell'Agli, M., et al., *Inhibition of platelet aggregation by olive oil phenols via cAMPphosphodiesterase.* Jornal britânico de nutrição, 2008. **99**(5): p. 945-951.
119.   Manna, C., et al., *Olive oil phenolic compounds inhibit homocysteine-induced endothelial cell adhesion regardless of their different antioxidant activity.* Jornal de química agrícola e alimentar, 2009. **57**(9): p. 3478-3482.
120.   Evan, G.I. e K.H. Vousden, *Proliferation, cell cycle and apoptosis in cancer (Proliferação, ciclo celular e*

apoptose no cancro). Nature, 2001. **411**(6835): p. 342.

121.	Fabiani, R., et al., *Virgin olive oil phenols inhibit proliferation of human promyelocytic leukemia cells (HL60) by inducing apoptosis and differentiation.* The Journal of nutrition, 2006. **136**(3): p. 614-619.

122.	Gill, C.I., et al., *Potenciais efeitos anti-cancerígenos dos fenóis do azeite virgem em modelos de carcinogénese colorrectal in vitro.* International Journal of Cancer, 2005. **117**(1): p. 1-7.

123.	Fini, L., et al., *Chemopreventive properties of pinoresinol-rich olive oil involve a selective activation of the ATM-p53 cascade in colon cancer cell lines.* Carcinogenesis, 2007. **29**(1): p. 139-146.

124.	Hashim, Y.Z.Y., et al., *Inhibitory effects of olive oil phenolics on invasion in human colon adenocarcinoma cells in vitro.* Jornal Internacional do Cancro, 2008. **122**(3): p. 495-500.

125.	Corona, G., et al., *Hydroxytyrosol inhibits the proliferation of human colon adenocarcinoma cells through inhibition of ERK1/2 and cyclin D1.* Molecular nutrition & food research, 2009. **53**(7): p. 897-903.

126.	Menendez, J.A., et al., *O princípio amargo do azeite inverte a auto-resistência adquirida ao trastuzumab (Herceptin™) em células de cancro da mama com expressão de HER2.* BMC cancer, 2007. **7**(1): p. 80.

127.	Menendez, J.A., et al., *Analyzing effects of extra-virgin olive oil polyphenols on breast cancer- associated fatty acid synthase protein expression using reverse-phase protein microarrays.* Revista internacional de medicina molecular, 2008. **22**(4): p. 433-439.

128.	Menendez, J.A., et al., *Extra-virgin olive oil polyphenols inhibit HER2 (erbB-2)-induced malignant transformation in human breast epithelial cells: relationship between the chemical structures of extra-virgin olive oil secoiridoids and lignans and their inhibitory activities on the tyrosine kinase activity of HER2.* Jornal Internacional de Oncologia, 2009. **34**(1): p. 43-51.

129.	Han, J., et al., *Anti-proliferative and apoptotic effects of oleuropein and hydroxytyrosol on human breast cancer MCF-7 cells.* Cytotechnology, 2009. **59**(1): p. 45-53.

130.	Manna, C., et al., *The protective effect of the olive oil polyphenol (3, 4-dihydroxyphenyl)- ethanol counteracts reactive oxygen metabolite-induced cytotoxicity in Caco-2 cells.* The Journal of nutrition, 1997. **127**(2): p. 286-292.

131.	Li, W., et al., *Inibição da fibrilhação da tau pelo oleocanthal através da reação com os grupos amino da tau.* Journal of neurochemistry, 2009. **110**(4): p. 1339-1351.

132.	Pitt, J., et al., *Alzheimer's-associated A6 oligomers show altered structure, immunoreactivity and synaptotoxicity with low doses of oleocanthal.* Toxicologia e farmacologia aplicada, 2009. **240**(2): p. 189-197.

133.	Gonzalez-Correa, J.A., et al., *Neuroprotective effect of hydroxytyrosol and hydroxytyrosol acetate in rat brain slices subjected to hypoxia-reoxygenation.* Neuroscience letters, 2008. **446**(2-3): p. 143-146.

134.	Medina, E., et al., *Comparação das concentrações de compostos fenólicos em azeites e outros óleos vegetais: correlação com a atividade antimicrobiana.* Journal of Agricultural and Food Chemistry, 2006. **54**(14): p. 4954-4961.

135.	Bisignano, G., et al., *On the in-vitro antimicrobial activity of oleuropein and hydroxytyrosol.* Jornal de farmácia e farmacologia, 1999. **51**(8): p. 971-974.

136.	Puel, C., et al., *Major phenolic compounds in olive oil modulate bone loss in an ovariectomy/inflammation experimental model.* Journal of agricultural and food chemistry, 2008. **56**(20): p. 9417-9422.

137.	Goulas, V., et al., *Phytochemicals in olive-leaf extracts and their antiproliferative activity against cancer and endothelial cells.* Molecular nutrition & food research, 2009. **53**(5): p. 600608.

138.	Sepporta, M.V., et al., *Oleuropein inibe o crescimento tumoral e a disseminação de metástases em ratinhos nus ovariectomizados com xenoenxertos de tumor da mama humana MCF-7.* Jornal de alimentos funcionais, 2014. **8**: p. 269-273.

139.	Chimento, A., et al., *Oleuropein and hydroxytyrosol activate GPER/GPR30-dependent pathways leading to apoptosis of ER-negative SKBR3 breast cancer cells.* Nutrição molecular e pesquisa de alimentos, 2014. **58**(3): p. 478-489.

140.	Akl, M.R., et al., *Olive phenolics as c-Met inhibitors: (-)-Oleocanthal attenuates cell proliferation, invasiveness, and tumor growth in breast cancer models.* PloS one, 2014. **9**(5): p. e97622.

141.	Scotece, M., et al., *Oleocanthal inibe a proliferação e a expressão de MIP-1a em células de mieloma múltiplo humano.* Química medicinal atual, 2013. **20**(19): p. 2467-2475.

142.	LeGendre, O., P.A. Breslin e D.A. Foster, *(-)-Oleocanthal induz rápida e seletivamente a morte de células cancerígenas através da permeabilização da membrana lisossomal.* Molecular & cellular oncology, 2015. **2**(4): p. e1006077.

143.   Pei, T., et al., *(-)-Oleocanthal inibe o crescimento e a metástase bloqueando a ativação de STAT3 no carcinoma hepatocelular humano.* Oncotarget, 2016. **7**(28): p. 43475.

144.   van Golen, K.L., et al., *Mitogen activated protein kinase pathway is involved in RhoC GTPase induced motility, invasion and angiogenesis in inflammatory breast cancer.* Clinical & experimental metastasis, 2002. **19**(4): p. 301-311.

145.   Fogli, S., et al., *Cytotoxic activity of oleocanthal isolated from virgin olive oil on human melanoma cells.* Nutrição e cancro, 2016. **68**(5): p. 873-877.

146.   Khanfar, M.A., et al., *Oleocanthal derivado do azeite de oliva como potente inibidor do alvo mamífero da rapamicina: avaliação biológica e estudos de modelagem molecular.* Pesquisa em fitoterapia, 2015. **29**(11): p. 1776-1782.

147.   Hay, N. e N. Sonenberg, *Upstream and downstream of mTOR.* Genes & development, 2004. **18**(16): p. 1926-1945.

148.   Konstantinidou, V., et al., *In vivo nutrigenomic effects of virgin olive oil polyphenols within the frame of the Mediterranean diet: a randomized controlled trial.* The FASEB Journal, 2010. **24**(7): p. 2546-2557.

149.   Gonzalez-Santiago, M., et al., *A administração de um mês de hidroxitirosol, um antioxidante fenólico presente no azeite, a coelhos hiperlipémicos melhora o perfil lipídico do sangue, o estado antioxidante e reduz o desenvolvimento da aterosclerose.* Atherosclerosis, 2006. **188**(1): p. 35-42.

150.   Hernaez, A., et al., *Os polifenóis do azeite de oliva diminuem as concentrações de LDL e a aterogenicidade do LDL em homens em um ensaio clínico randomizado e controlado-3.* The Journal of nutrition, 2015. **145**(8): p. 16921697.

151.   Warnke, I., et al., *Os constituintes da dieta reduzem a acumulação de lípidos nos adipócitos murinos C3H10 T1/2: Um novo método fluorescente para quantificar gotículas de gordura.* Nutrição e metabolismo, 2011. **8**(1): p. 30.

152.   Drira, R., S. Chen, e K. Sakamoto, *Oleuropein e hidroxytyrosol inibem a diferenciação de adipócitos em 3 células T3-L1.* Ciências da vida, 2011. **89**(19-20): p. 708-716.

153.   Cao, K., et al., *Hydroxytyrosol previne a síndrome metabólica induzida pela dieta e atenua as anomalias mitocondriais em ratos obesos.* Biologia e Medicina Radical Livre, 2014. **67**: p. 396-407.

154.   Scoditti, E., et al., *Regulação aditiva da expressão de adiponectina pelos componentes do azeite da dieta mediterrânica ácido oleico e hidroxitirosol em adipócitos humanos.* PLoS One, 2015. **10**(6): p. e0128218.

155.   Smith, T.J., *Squalene: potential chemopreventive agent.* Opinião de peritos sobre medicamentos experimentais, 2000. **9**(8): p. 1841-1848.

156.   de la Torre-Carbot, K., et al., *Characterization and quantification of phenolic compounds in olive oils by solid-phase extraction, HPLC-DAD, and HPLC-MS/MS.* Journal of agricultural and food chemistry, 2005. **53**(11): p. 4331-4340.

157.   Fito, M., et al., *Efeito protetor do azeite e dos seus compostos fenólicos contra a oxidação das lipoproteínas de baixa densidade.* Lipids, 2000. **35**(6): p. 633-638.

158.   Kiritsakis, A. e P. Markakis, *Olive oil: a review,* in *Advances in food Research.* 1988, Elsevier. p. 453-482.

159.   Gutierrez, F., et al., *Efeito do estado de maturação da azeitona na estabilidade oxidativa do azeite virgem extraído das variedades Picual e Hojiblanca e nos diferentes componentes envolvidos.* Journal of Agricultural and Food Chemistry, 1999. **47**(1): p. 121-127.

160.   Psomiadou, E., M. Tsimidou, e D. Boskou, *a-Tocopherol content of Greek virgin olive oils.* Journal of agricultural and food chemistry, 2000. **48**(5): p. 1770-1775.

161.   Jha, P., et al., *The antioxidant vitamins and cardiovascular disease: a critical review of epidemiologic and clinical trial data.* Annals of Internal Medicine, 1995. **123**(11): p. 860-872.

162.   Stampfer, M.J. e E.B. Rimm, *Epidemiologic evidence for vitamin E in prevention of cardiovascular disease.* The American journal of clinical nutrition, 1995. **62**(6): p. 1365S-1369S.

163.   Stephens, N.G., et al., *Randomised controlled trial of vitamin E in patients with coronary disease: Cambridge Heart Antioxidant Study (CHAOS).* The Lancet, 1996. **347**(9004): p. 781786.

164.   Yusuf, S., et al., *Vitamin E supplementation and cardiovascular events in high-risk patients (Suplemento de vitamina E e eventos cardiovasculares em pacientes de alto risco).* The New England journal of medicine, 2000. **342**(3): p. 154-160.

165.   Boscoboinik, D., et al., *Inhibition of cell proliferation by alpha-tocopherol. Role of protein kinase C.* Journal of Biological Chemistry, 1991. **266**(10): p. 6188-6194.

166.   Devaraj, S., D. Li e I. Jialal, *The effects of alpha tocopherol supplementation on monocyte function. Diminuição da oxidação lipídica, secreção de interleucina 1 beta e adesão de monócitos ao endotélio.* The

Journal of clinical investigation, 1996. **98**(3): p. 756-763.

167. Freedman, J.E., et al., *a-Tocopherol inibe a agregação de plaquetas humanas através de um mecanismo dependente da proteína quinase C.* Circulation, 1996. **94**(10): p. 2434-2440.

168. Islam, K.N., S. Devaraj, and I. Jialal, *a-Tocopherol enrichment of monocytes decreases agonist-indduced adhesion to human endothelial cells.* Circulation, 1998. **98**(21): p. 2255-2261.

169. Devaraj, S. e I. Jialal, *a-Tocopherol diminui a libertação de interleucina-16 de monócitos humanos activados por inibição da 5-lipoxigenase.* Arteriosclerosis, thrombosis, and vascular biology, 1999. **19**(4): p. 1125-1133.

170. Steinberg, D., *Clinical trials of antioxidants in atherosclerosis: are we doing the right thing?* The Lancet, 1995. **346**(8966): p. 36-38.

171. Pratico, D., et al., *Vitamin E suppresses isoprostane generation in vivo and reduces atherosclerosis in ApoE-deficient mice.* Nature medicine, 1998. **4**(10): p. 1189.

172. Terasawa, Y., et al., *Increased atherosclerosis in hyperlipidemic mice deficient in a-tocopherol transfer protein and vitamin E.* Proceedings of the National Academy of Sciences, 2000. **97**(25): p. 13830-13834.

173. Shklar, G. e S.-K. Oh, *Experimental Basis for Cancer Preventation by Vitamin E.* Cancer investigation, 2000. **18**(3): p. 214-222.

174. Heinonen, O.P., et al., *Prostate cancer and supplementation with a-tocopherol and 6- carotene: incidence and mortality in a controlled trial (Cancro da próstata e suplementos de a-tocoferol e 6-caroteno: incidência e mortalidade num ensaio controlado).* JNCI: Journal of the National Cancer Institute, 1998. **90**(6): p. 440-446.

175. Benner, S.E., et al., *Regressão da leucoplasia oral com a-tocoferol: um estudo de quimioprevenção do programa de oncologia clínica da comunidade.* JNCI: Journal of the National Cancer Institute, 1993. **85**(1): p. 44-47.

Índice

Capítulo 1   2

Capítulo 2   8

Capítulo 3   29

Capítulo 4   31

Capítulo 5   34

Buy your books fast and straightforward online - at one of world's fastest growing online book stores! Environmentally sound due to Print-on-Demand technologies.

Buy your books online at
www.morebooks.shop

Compre os seus livros mais rápido e diretamente na internet, em uma das livrarias on-line com o maior crescimento no mundo! Produção que protege o meio ambiente através das tecnologias de impressão sob demanda.

Compre os seus livros on-line em
www.morebooks.shop

Printed by Books on Demand GmbH, Norderstedt / Germany